U0157974

撰稿人简介

蔡恒进，武汉大学计算机学院教授、博导，卓尔智联研究院执行院长，中国工业与应用数学学会区块链专委会委员，中国计算机学会服务计算专委会委员，中国通信工业协会区块链专委会副主任委员。

施磊，理学博士，中国科学院精密测量科学与技术创新研究院副总设计师，九三学社中央科普专委会委员，湖北省物理学会常务理事。曾获湖北省自然科学一等奖 1 项、全军科技进步二等奖 1 项。

冯芒，中国科学院精密测量科学与技术创新研究院二级研究员，教授、博导。主持广州中国科学院工业技术研究院量子精密测量研究中心的工作。曾参与欧洲量子计算的研究项目，在多个欧洲国家的研究所和大学工作。荣获中国科学院"领雁银奖"。

姚雍，毕业于美国天普大学。学术研究包括量子计算、可计算性和计算复杂性理论、自动证明、人工智能、深度学习和生物信息等。目前在美国投行工作，任伦敦交易所集团高级经理。

量子科技

公开课

叶朝辉◎审定

蔡恒进 施磊 冯芒 姚雍◎著

QUANTUM SCIENCE AND TECHNOLOGY
FOR GENERAL READERS

人民出版社

前　言

　　在本书即将付梓之际，量子科技的进展又传来喜讯。中国科技大学研制的全球超导量子比特数量最多的量子计算原型机"祖冲之号"问世，以《在可编程二维62比特量子处理器上的量子行走》为名的论文在线发表于2021年5月7日出版的《科学》杂志上。"祖冲之号"可操纵的超导量子比特多达62个，研究人员在8×8的二维方形超导量子比特阵列上首次实现了量子行走的实验观测，并对量子行走构型进行了精准调控，构建了可编程的双粒子量子行走。量子行走是经典随机行走的量子力学模拟，在量子计算中有着重要的应用，同时，展示量子行走对实验体系的量子特性的保持有着苛刻的要求。显然，这次在62个量子比特的体系中能观察到体现量子特性的干扰条纹，充分表明了人类在量子操控方面的巨大进步。尽管论文的作者们声称他们目前的工作仅仅是演示系统的功能，尚未展现"量子优越性"，但这无疑是量子计算机研制过程中的一个重要里程碑。

　　在2021年5月的《科学》杂志上还刊登了另外一个令人振

奋的成果,科学家展现了宏观体系的纠缠特性。在以《宏观物体量子纠缠的直接证据》为名的论文中,研究人员将质量为70微克的两个机械鼓面纠缠在一起,并通过接近标准量子极限的测量方式直接观察到了纠缠的保持和特征。这种纠缠性质原来只能在原子尺度的微观体系中才能观察到,现在竟然能出现在宏观系统中,这代表着人类科技水平的又一次较大的进步,将来有可能在超越标准量子极限的精密测量中发挥重要的作用,也有可能成为未来量子网络的长寿命网络节点。

以上出现的科学术语"量子比特""量子行走""纠缠""标准量子极限"原本都是量子力学这门深奥抽象的物理学科中的专业名词。但是,由于新闻媒体上频繁出现的"量子计算机""量子通信"等报道,"量子"这个原本高冷的专业名词如今已变得家喻户晓。由于量子理论的艰深晦涩,非专业人士读来是玄之又玄、百思莫解。因而,在寻常百姓茶余饭后的闲聊和从快餐式阅读所获得的认知中,以"量子"开头的词汇必定代表着高新科技,代表着神秘且不可理喻的力量。在网络和媒体上流传的很多貌似学术论文的宣传中,量子力学的概念并未被正确的解读,相反常常被混入"科幻"的元素。更有甚者,一些不良商家以量子为噱头,在市场上推出了各类"功能强大"且价格不菲的量子鞋垫、量子眼镜、量子速读等伪量子产品,造成鱼龙混杂的局面。

量子力学诞生于1900年。在过去的120年中,量子力学为推动和造就 20 世纪的科技文明作出了极为重要的贡献。尽管科学家们至今仍常常为量子理论中的某些概念、观念和结论争论不休，但量子理论衍生出来的成果在激光、光通信、半导体以至核能技术方面的促进作用有目共睹。我们把量子力学推崇为人类迄今最成功、最伟大的理论之一也不为过。在量子力学的第一个百年中，人们主要关注并获得答案的是量子力学能做什么，但却一直弄不清楚量子力学为什么能做这些。科学界将这一百年的成就定义为"量子力学的第一次革命"。

　　量子信息科学的诞生为理解量子力学的功用带来了希望。有人把这称为"量子力学的第二次革命"，正在把人类社会带入量子时代。这就是我们编撰本书的目的，希望以通俗的语言和简洁的叙述把量子力学的复杂历程和高深理论以及相关科技发展的前沿动态介绍给广大读者。本书以讲故事的方式介绍第一次量子革命的历程，以四个讲座的篇幅简要地解读量子通信、量子计算机和量子传感等新型科技成果。最后，我们针对当前最热门的话题——研制量子计算机——给予深入一些的讲述，以满足不同层次的读者的需求。希望我们的这本小书能在目前这种鱼龙混杂的量子热潮中起到正本清源的作用，帮助广大非专业人士正确了解量子科技的基本知识，分辨日常量子宣传中的真伪。

　　本书将要介绍的量子通信、量子计算机和量子传感代表着人类未来的技术，都是基于量子力学的相干特性、纠缠特性以及非局域性等量子概念，在人造的量子器件上完成的工作。这些器件完全遵从量子力学规律，以量子比特为单元，其功能远远超越相应的经典器件。运用这些量子器件，我们不仅有可能进一步理解量子力学理论中尚不清楚的一些基础性问题，例如本书中将要提到的量子测量问题、非局域性问题等，而且有可能在信息技术方面为人类带来突破，将人类的通信水平、计算水平以及观测水平提升到前所未有的高度。这就是科学界定义的"第二次量子革命"，是直接开发基于量子特性本身的量子器件造福于人类，也是旨在彻底解决量子力学中目前存在的问题，甚至是长期困扰物理学界的问题，例如，量子力学与相对论的融合、量子世界与经典世界的界限等。国际著名科学刊物《自然·物理》在2014年为纪念贝尔定理诞生五十周年发表了一篇编辑评论，以《量子鼓声》为题为第二次量子革命摇旗呐喊，希望以此为契机，彻底揭开现存的量子谜团。

有人把这个第二次量子革命归于即将到来的第四次工业革命中。第四次工业革命是以人工智能、新材料技术、分子工程、石墨烯、虚拟现实、量子信息技术、可控核聚变、清洁能源以及生物技术为技术突破口的工业革命，是继以蒸汽技术为代表的第一次工业革命、以电力技术为代表的第二次工业革命和以计算机及信息技术为代表的第三次工业革命之后的又一次科技革命。这次工业革命将结合通信的数字技术与软件、传感器和纳米技术，融合生物、物理和数字技术来改变我们今天所知的世界。前三次工业革命发源于西方国家并由他们所主导。中国完全错过了前两次工业革命，也差一点错过了第三次工业革命。但这次的第四次工业革命，中国将会第一次与发达国家站在同一起跑线上。以本书详述的量子信息技术为例，我国科学家已经在多个方面取得了突破性进展。无论是清华大学发现的量子反常霍尔效应，还是中国科技大学在量子通信和量子计算机方面的科研成就，都明白无误地表明了我国的量子科技研发水平目前正处在世界第一方阵中。

2020年10月16日，中共中央政治局举行第二十四次集体学习，习近平总书记就量子科技研究和应用前景发表重要讲话时指出，量子科技发展具有重大科学意义和战略价值，是一项对传统技术体系产生冲击、进行重构的重大颠覆性技术创新，将引领新一轮科技革命和产业变革方向。要充分认识推动量子科技发展的重要性和紧迫性，加强量子科技发展战略谋划和系统布局。2021年3月13日，国务院发布了《中华人民共和国国民经济和社会发展第十四个五年规划和2035年远景目标纲要》，其中把量子信息与类脑智能、基因技术、未来网络、深海空天开发、氢能与储能等一起列为前沿科技和未来产业，是国家前沿谋划布局的重要方向。有了这些顶层设计的牵引，我们有理由相信，伴随着国家实力的持续增长和对科技研发的不断投入，我国未来有希望成为量子信息强国，为第四次工业革命和人类科学技术的发展作出应有的贡献。

目　录

"量子力学量力学""遇事不决，量子力学"式的调侃让普罗大众对"量子"自动加上了魔幻滤镜。非物理专业的人士应该如何切入这个话题才不至于云里雾里？爱因斯坦称作"鬼魅"的现象到底是什么？我们能否为量子力学祛魅？

第二部分　探微的螺旋

量子性质十分神奇，无论是叠加态还是纠缠态都彻底颠覆了我们在宏观世界中习惯了的认知，也使我们对量子世界的观察和操控充满了不确定性。量子性质也非常脆弱，对一个量子态的制备、操控和观察，每一步都是对人类知识和技术的挑战。

量子通信的绝对安全性来源于纠缠态作为通信信道。但量子态无法在实验室以外长时间保持，怎么办？当前广为人知的量子通信网络或技术并非基于纠缠态，而是基于单光子，这是怎么做到的？

更好的测量手段能让我们看到前人从未看到的地方。现代科学的诞生一直是和精密测量的艺术紧密联系在一起。但精密测量的极限在哪里？引入了量子元素的精密测量可能做到绝对精准无误吗？

第七讲　百秒顶亿年——量子计算机的制造

量子计算机代表的是一项颠覆性的未来技术，不仅会改变长期统治人类计算方式的图灵模式，而且会提升人类对量子世界的认知水平。研制量子计算机既是显示一个国家高科技实力的科技问题，也是关系到一个国家信息安全的政治问题。

第三部分　未来的征战

第八讲　难易天堑——经典与量子计算复杂性

什么是难，什么是易？随着人类智力活动探索的不断发展，人们从数学上给出了什么是计算以及难和易的严格的模型和定义。这就是可计算性和计算复杂性理论研究的内容。由此，大量的重要的理论和实际问题的难易刻画被充分研究。这也部分揭示了人类智能之谜及其局限。

第九讲 "量子霸权"——量子计算碾压经典计算吗............157

理论上，目前还没有能够证明量子计算机比经典计算机快（指数倍）。同时适用规模的量子计算机目前还难以实现。人们退而求其次，先设计实验演示量子超越性。目前所做的量子超越性实验的结论理论界还在进一步讨论中。量子计算的超越性究竟是唾手可得还是水中月？

第一部分

历史的回响

动魄惊心——量子力学哪里难懂

　　"量子力学量力学""遇事不决，量子力学"式的调侃让普罗大众对"量子"自动加上了魔幻滤镜。非物理专业的人士应该如何切入这个话题才不至于云里雾里？爱因斯坦称作"鬼魅"的现象到底是什么？我们能否为量子力学祛魅？

一、粒子的双缝实验

"量子力学"常常被视为晦涩难懂的物理概念，尤其是对非理工背景的朋友们来说，可能更是听得一头雾水。但对于很多物理专业人员而言，只要遵循量子力学本身的逻辑，依照量子力学方程来解决具体问题，这一整套体系是比较容易掌握的。量子力学的难懂之

阿尔伯特·爱因斯坦（1879—1955），提出光量子假设，成功解释了光电效应，相对论物理创立者，是继伽利略、牛顿之后最伟大的物理学家。1921年获诺贝尔物理学奖。

处,主要体现在它与传统的、经典的物理学相对比时,让学习者常常感到常识被"颠覆",很多现象与经典物理现象相矛盾,其中一个核心的点就在于如何理解双缝实验。

我们现在的实验技术已经可以做到让电子一个一个地释放并通过平行的双缝,动作类似于足球射门,每当一个电子穿过狭缝打到探测屏,探测屏上就会出现一个亮点,这说明电子具有粒子性。假如按照经典物理的思想,光束是由经典粒子组成,我们可以猜想:当光束照射于一条狭缝时,探测屏上呈现的应该是与狭缝对应的图样;当光束照射于两条相互平行的狭缝时,探测屏上呈现的光点应该是两个单缝图样的简单叠加。但在实际的单缝实验中,探测屏显示出衍射图样,光束被展开,当狭缝越狭窄,展开角度就越大,在探测屏中央区域有一条比较明亮的光带,两边是比较暗淡的光带。在

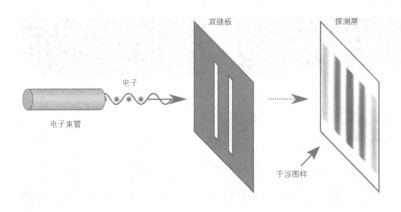

图 1.1 双缝实验示意图

实际的双缝实验中,探测屏则呈现出一系列明亮条纹与暗淡条纹相间的图样。比较明亮的地方我们可以理解为是因为量子具有同相位,能够相互增强的结果,并且这种干涉图样展现出电子又具有波动性。

我们如果直接接受电子是波,似乎可以解释双缝实验这种干涉图样的现象,但假如我们更进一步,按照理查德·费曼设计双缝实验思想,在实验时每次射出一个电子同时随机关掉一个缝,那么在探测屏上的电子一定是从剩下的那个缝里穿过,此时的探测屏上,干涉图样竟然也消失了,又成为概率叠加的图样。

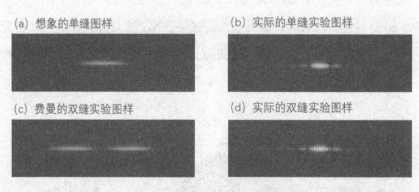

(a) 想象的单缝图样 (b) 实际的单缝实验图样

(c) 费曼的双缝实验图样 (d) 实际的双缝实验图样

图 1.2　电子打在探测屏上的图样

针对此现象,费曼提出了路径积分表述进行解释,费曼强调这只是一种数学描述,而并不是尝试描述某些无法观察到的真实物理过程。路径积分表述并没有采用粒子的单独唯一运动轨道这种经典概念,取而代之的是所有可能轨道的总和,并且使用

　　理查德·费曼（1918—1988），美国物理学家，创建了路径积分量子力学理论，并提出量子电动力学新的理论形式、计算方法和重正化方法，从而避免了量子电动力学中的发散困难，1965 年获得诺贝尔物理学奖。

泛函积分，就可以计算出所有可能轨道的总和。更具体地说，假设一个光子要从发射点 a 移动至探测屏的位置点 d，它会尝试选择经过所有的可能路径，包括选择同时经过两条路径，两条路径分别经过不同的狭缝；可是，假设在狭缝板旁边的点 c 设置探测器，来观察光子会经过两条狭缝中的那一条狭缝，整个实验设置立刻有所改变，探测器观察到光子，新的路径是从 c 到 d，而在 c 与 d 之间只有空旷的空间，并没有两条狭缝，因此不会出现干涉图样。

二、鬼魅的超距作用

双缝实验可以看作是对单个粒子的实验，那么如果对两个粒子进行实验观察，情况又将如何？著名的 EPR 悖论（以三位科学家姓氏首字母命名）出自由爱因斯坦（Einstein）、潘多尔斯基（Podolsky）和罗森（Rosen）发表的论文《能认为量子力学对物理实在的描述是完备的吗》，是对量子力学描述不完备的批评。在论证中，爱因斯坦等人设想了一个测量粒子坐标和动量的 EPR 思想实验，可以凸显出局域实在论与量子力学完备性之间的矛盾。

文中讨论了两个粒子的纠缠态：如果测得粒子 1 的坐标，就可以立即确定粒子 2 的坐标；如果测得粒子 1 的动量，就可以立即确定粒子 2 的动量。这说明两个粒子存在纠缠。由于进行测量时，粒子 1 和粒子 2 的距离很大，爱因斯坦等人认为对一个粒子的测量不会对另一个粒子造成干扰，并给出一个实在性判据：如果完全不干扰一个体系而能确定地预言一个物理量的值，那么这个物理量就存在物理实在性的一个元素。

根据这个判据，粒子 2 的坐标和动量都应该是物理实在的元素，但量子力学又认为粒子的坐标和动量不能同时具有确定值，因此该描述是不完备的。后来玻姆把 EPR 思想实验简化为测量自旋的实验：考虑两个自旋为 1/2 的粒子 A 和 B 构成一个体系，在一定时刻后,使 A 和 B 完全分离,不再相互作用;当测得 A 自旋的某一分量后,根据角动量守恒就能确定地预言 B 在相应方向上的自旋值。由于可以任意选取测量方向,B 自旋在各个方向上的分量应都能确定地预言。因此,根据实在性判据,B 自旋在各个方向上的分量同时具有确定的值,都代表物理实在的要素,并且在测量之前就已经存在,但量子力学却不允许同时确定地预言自旋的 8 个分量值,所以不能认为它提供了对物理实在的完备描述。如果我们坚持把量子力学看作是完的,那就必须承认对 A 的测量可以影响到 B 的状态,也就相当于承认某种超距作用。

薛定谔率先使用 Verschränkung（他自己将之翻译为"纠缠"）来形容 EPR 实验中,两个暂时耦合的粒子在不再耦合之后彼此之间仍

亚里士多德（公元前 384—前 322）,古希腊人,世界古代史上伟大的哲学家、科学家和教育家。

旧维持的关联。爱因斯坦将量子之间存在纠缠的特性称为鬼魅的超距作用（spooky action at distance）。

局域实在论就涉及科学发展史上对局域性与非局域性（或称定域性与非定域性）的讨论。伽利略对现代科学的发展有重要贡献，他将物理实验、物理学放在了很重要的位置上，超越了亚里士多德的理论体系。但令人惋惜的是，他明明已经观察到了圆周运动，依然与力学第一定律、第二定律失之交臂，很大原因就在于伽利略认为力必须具有定域性（locality），换言之，物体之间必须相互接触才能产生力的作用。牛顿则是承认了力的非定域性，也因此发现了力学的第一定律、第二定律。到了爱因斯坦则更进一步，他指出力的非定域性虽然看不见，但是通过场进行作用，空间会弯曲，并且存在万有引力。但相对论并不能解释量子之间的纠缠，这也是量子力学

艾萨克·牛顿（1643—1727），英国物理学家、数学家，万有引力和三大运动定律的发现者，微积分发明者，百科全书式的"全才"，著有《自然哲学的数学原理》《光学》，是人类历史上最伟大的科学家之一。

最难懂的地方之一。

　　具体地说，这是量子纠缠与光速不变性之间的冲突。在相对论中引入了光速，并且光速是恒定不变的，具有上限值。有了不变光速，就能够得到质能转换，也就是质量与能量之间相互转换。不论光速有多快，按照相对论，两个物体之间如果相隔一段距离，其相互作用必然有延时。然而，一对纠缠的量子不论相隔多远，如果其中一个量子在某时刻被测定，那么另一个远在天边的纠缠量子在该时刻测量都会是对应的确定状态，不存在时间差，这就是爱因斯坦形容超距作用的鬼魅之处。在本书的第四讲将会再次讨论这些问题。

三、悖论性在哪里

　　量子力学的历史其实比牛顿力学的历史更清晰，量子力学可谓是"猜出来"的。牛顿曾做过棱镜色散实验，他把一面三棱镜放在阳光下，光透过三棱镜后在墙上被分解为不同颜色，被后人称为光谱。通过棱镜实验，牛顿主张光是粒子，因此能够解释色散。而惠更斯认为光是波，解释了光的衍射和干涉现象。到了爱因斯坦，他就认为光具有粒子性，因为如果要解释光电效应，就必须假定能量是一份一份的。之前，因为黑体辐射的问题，就必须假定黑体是以量子方式吸收和辐射光子的，否则就会有紫外灾难。普朗克就认为光是量子的才能解释黑体光谱。德布罗意则提出了"物质波"假说，认为和光一样，一切物质都具有"波粒二象性"，所有物质都同时具有波和粒的特性。对于微观粒子有时显示出波动性（这时粒子性不显著），有时又显示出粒子性（这时波动性不显著），在不同条件下分别表现为波动和粒子的性质。后来薛定谔将波动方程写出来了。当时对氢原子的研究已经比较透彻，大家发现将氢原子代入方程，这个二阶方程可解，进而发现能量是分立谱，有本征值，从这个本征值就能看出谱系来。

　　牛顿时期只有二体问题能解，比如地球绕着太阳转的轨道可以解（椭圆轨道、抛物轨道之类），现在有了薛定谔波动方程，对氢原子问题也是一个二体问题，一个原子核一个电子，解这个方程

路易·德布罗意（1892—1987），法国物理学家，物质波理论的创立者，量子力学的奠基人之一，1929 年获诺贝尔物理学奖。

就和测量的意义十分接近。这个方程十分漂亮，出来之后就难以再被质疑，而其他解释需要花费很大力气，比如弄成非线性的等等，结果形式上就看起来很别扭，所以大家都倾向于接受波动方程，承认其正确性。薛定谔在写方程的时候，并不知道波函数是什么，后来波恩给出的解释是概率密度，但这一解释又引起了新的问题，即波函数塌缩的问题。

假如在一个房间内只有一个电子和一个位置固定的电子探测器，探测器捕捉到电子的概率确实很小，因为电子在空间中是弥散的，但如果一旦捕捉到，那么电子的位置就确认了，其他地方有电子的概率变成了零，这就是波函数塌缩，对大家来说很难理解这种突然的消失。

若要理解波函数塌缩这类现象，我们可以这样解释："宏观与微观的相互作用之间有一个无法用公式完整描述的断裂。"根源在于，宏观物体虽然是由粒子构成，但诸多粒子组合在一起就不再是原来的简单的粒子集合而已了，而是有了质的改变。我们的解释还不同于所谓的"整体大于部分之和"，这种说法某种程度上还是体现的可还原的思想，但新产生的性质是不能被还原的。例如铁磁问题是研究得比较透彻的，可以用伊辛模型（Ising model）将二维的都解出来，特别是 Lee-Yang 团队做了很好的研究，将自由能写出来，对无穷求和之后，就会看到相变。在原本的零磁场环境中，一堆分子原子在一起，有铁磁性就会相互作用，当温度下降，产生相变，然后就会产生一个宏观磁场，且这个磁场方向是任意方向，这个方向就是不可计算的，这个磁场也是还原不了的。再比如，纳维叶-斯托克斯（Navier Stokes）方程，是流体力学中描述黏性牛顿流体的方程，两块平板有相对速度，相对速度较慢时是简单的层流，速度线性分布，当速度加快到一定程度，超过了一定的雷诺数，就会产生湍流，结构就很丰富，并且这些湍流产生的位置、方向和大小都不可预测，虽然统计所有的湍流分布有一定规律，但并不能因此预知下一个湍流具体如何。因此，从微观到宏观的断裂是无法计算的，在这个意义上看也是无法还原的。所谓"测量"，一定是用"宏观"去捕捉"微观"，在宏观与微观相互作用的时候，就是不能完全计算的，或者用爱因斯坦的话是不可能完备描述的（详见第四讲）。在宏观微观断裂之外的其他地方，例如微观世界有一套规则可以计算，宏观世界也有一套规则可以计算，但在宏观与微观的相互作用之处，不能完备描述，不能完全计算。

四、量子技术不是纳米技术

谈到微观，我们容易联想到纳米技术。1959 年，美国著名物理物学家理查德·费曼在加州理工学院美国物理学会年会上发表的演讲 "There's Plenty of Room at the Bottom" 被视为纳米技术领域的开山之作。演讲的主要思路是探讨如何在非常小的尺度上进行科技的创新，比如"把全套 24 册的大英百科全书全写在大头针的针尖上"、设计更好的电子显微镜（进行微观信息读取）、在分子或原子尺度上加工原料和制造器件、重新排列原子等。纳米技术发展至今，依然沿着这一主线探索，在纳米尺度上对抗电磁等干扰，维持具有经典意义上的可靠性的纳米技术并非易事。

实际上，费曼也是量子计算机理念的提出者。1982 年，费曼在一个公开的演讲中提出利用量子体系实现通用计算的想法，认为量子计算机将是解决物理和化学问题的有效工具，因为用经典计算机模拟大型量子系统的成本是指数级的。量子计算机即遵循量子计算的基本理论的计算机，处理和计算的是量子信息，运行的是量子算法。经典计算机信息的基本单元是比特（bit），比特有两个状态，在经典计算机中用 0 和 1 表示。在量子计算机中，基本信息单位是量子比特（quantum bit，可简写为 qubit 或 qbit），用 |0> 和 |1> 代替经典比特状态 0 和 1。量子比特相较于比特来说，有着独一无二的存在特点，它以两个逻辑态的叠加态的形式存在，这表示两个状态是 0 和 1 的相应量子态叠加。

量子技术通常包括量子通信、量子测量和量子计算等技术（详见第五、六、七讲）。爱因斯坦认为量子物理不完备而难以接受的地方也恰恰是量子的独特性质，也正是量子技术的基础。目前的纳米技术与量子技术大不一样，虽然未来会合流，但侧重点仍会不一样。

量子力学与经典物理如此多的冲突矛盾，量子力学是不是真的很难理解呢？其实我们不妨换一个角度来看待这个问题。我们之所以对量子力学感到困惑，是因为觉得它违背了我们通过宏观世界习得的知识,违背了我们在生活中普遍观察到的现象。在宏观世界中,存在定域性和因果关系,环环相扣,我们生活在的宏观世界,定域性规律随处可见,使得我们试图以宏观世界的规律来理解量子世界。但是量子世界没有定域性,也没有独立性,鬼魅的超距作用体现出量子世界能超越时空,这些与宏观世界规律格格不入的特性在我们看来就难以理解了。

但是,世界上真正的谜题或许并不是量子的相干性、纠缠性是如何而来,而是我们以为常识的经典性是从何而来。按照大爆炸理论,世界本是混沌一体,经过大爆炸才彼此分离,既然原本是混沌体,那么相互纠缠、无法分清彼此才是正常的,彼时经典的时间和空间可能都不存在,而从混沌中辨识出独立个体,宏观物体进一步产生独立性,反而是更加困难的过程。

此外,我们可能需要接受量子世界与宏观世界之间存在的断裂或跳跃,并且这种从微观到宏观的跳跃是不可计算的。量子世界的不确定性从内在的微观层面看是确定的或者可以根据方程来预测,但与宏观相互作用时,这种因跳跃产生的新的不确定性不可预测。接受了这种跳跃,换一种思路来看待量子特性与经典性之间的关系,量子力学可能更容易理解。

—— 第二讲 ——

拨云见日——量子登上历史舞台

　　新统一的德意志帝国雄心勃勃，决心在人工照明行业的国际竞争中获得压倒性优势，导致了量子的诞生。普朗克为解决黑体辐射的理论与实验结果的不相符的问题，提出了量子的概念；爱因斯坦提出光量子理论，完美地解释了光电效应现象；玻尔的量子化原子结构理论成功解释了原子的稳定性和氢原子的光谱结构；而德布罗意王子则进一步指出物质具有波和粒子的二象性。量子物理就此登上舞台。

　　为迎接 20 世纪的到来，欧洲的科学家们齐聚一堂，举行了一场世纪之交的报告会。会上，英国著名物理学家、76 岁的威廉·汤姆逊（即开尔文男爵）在回顾 19 世纪物理学所取得的伟大成就时说，物理大厦已经落成，所剩只是一些修饰工作。同时，他在展望 20 世纪物理学前景时，却不无担忧地讲道："动力理论肯定了热和光是运动的两种方式，现在，它的美丽而晴朗的天空却被两朵乌云笼罩了"，"第一朵乌云出现在光的波动理论上"，"第二朵乌云出现在关

威廉·汤姆逊（1824—1907），英国物理学家，因对物理学和大西洋电缆工程的卓越贡献，被授予开尔文勋爵。为纪念他对热力学的贡献，绝对温度单位以开尔文命名。

于能量均分的麦克斯韦—玻尔兹曼理论上"。他所说的第一朵乌云，是指迈克尔逊—莫雷实验结果和以太漂移说相矛盾；他所说的第二朵乌云，主要是指经典物理学对黑体辐射的理论解释与实验结果不相符，其中尤以后来被称为黑体辐射理论出现的"紫外灾难"最为突出。

开尔文当年的演讲真是一语成谶！这两朵乌云在 20 世纪初酝酿爆发了物理学的两场暴风雨般的革命：第一朵乌云导致了相对论革命的爆发，第二朵乌云导致了量子论革命的爆发！

本讲的内容就是讲述黑体辐射的乌云导致量子革命的故事。

一、黑体辐射

任何物体，只要其自身不是处于绝对零度，都会辐射出光和热，其强度和颜色随着温度而变化。一个被逐渐加热的金属物（如铁制拨火棍），先是发出微弱的暗红色，随着温度的升高，它会变得鲜红，然后是橘红、橙黄，最后成为发蓝的白色。逐渐冷却过程中，其颜色就反向进行，直到其温度不足以辐射出可以看见的光；持续冷却，随着温度降低，我们也将感觉不到它的热辐射，最后可以用手去摸。

1666 年，23 岁的牛顿首次实验证明：白色光是由红橙黄绿青蓝紫七色光混合而成的。这七色光依次排列组成的彩带叫七色光谱。光谱中，红色（波长最长、频率最小）和紫色（波长最短、频率最大）

代表了光谱的两个极端，这是人眼可以直接看到的范围。1800 年，赫歇尔发现红色之外的不可见光——红外线辐射。1801 年，里特发现了紫色之外的不可见光——紫外线辐射。

问题是，物体的辐射能量和温度究竟有怎样的关系呢？

其实，人们根据制陶的经验早已熟知：所有的被加热物体在同样的温度下发出同样颜色的光。1859 年，海德堡大学 34 岁的物理学家基尔霍夫提出了完美吸收（无反射）任何波长的外来辐射并完美释放（全部转化为热）辐射的概念，并称这样的物体叫"黑体"。黑体的叫法名副其实：能够进行完美吸收的物体，可以吸收全部外来辐射，看上去就是黑的！但，如果完美释放的话，物体就可能是黑

古斯塔夫·基尔霍夫（1824—1887），德国物理学家，提出了基尔霍夫电流定律和基尔霍夫电压定律，解决了电器设计中电路方面的难题。

托马斯·爱迪生（1847—1931），美国伟大的发明家，拥有超过 2000 项发明，包括对世界极大影响的留声机、电影摄影机、钨丝灯泡等。

色以外的任何颜色，这要看它的温度使它辐射出什么波长了。基尔霍夫提出，在特定的温度下，测量黑体辐射的光谱能量分布，可以得出一个公式，这个公式只有两个变量：黑体的温度和所释放出来的辐射的波长。

到了 1879 年，伟大的爱迪生发明了第一只实用的电灯泡。把人工照明率先发展成专门的行业就成了国与国之间竞争的大事了。1871 年，普鲁士阵营在普法战争中获胜，建立了一个统一的德意志。新建立的德意志帝国雄心勃勃，其决心要在与美国和英国的竞争中占得决定性的上风，而这场竞争的核心就是开发出更高效的照明灯泡。黑体作为在任何温度下的完美释放体，应该释放出最大的热，也就是红外辐射。黑体光谱可以作为标准，用于对灯泡进行校准和生产，使灯泡最大限度地释放出光，最低限度释放出热。这时，对黑体辐射光谱进行测量，找到基尔霍夫那传说中的公式就成了最要紧的事了！

德国政府决心争当第一，于 1887 年建立了帝国物理技术研究院（现联邦物理技术研究院的前身，Physikalisch-Technische Reichsanstalt, PTR）。PTR 是当时拥有世界上设备最精良、也是拥有最昂贵的科研设施的研究机构。黑体研发计划是它的首要任务，其驱动力就是要造出更好的灯泡。这项计划出人意料地导致了量子的发现，而普朗克就是在合适的时间、合适的地点出现的合适的人！

1893 年，在 PTR 做亥姆霍兹助手的研究员、29 岁的维恩发现了黑体辐射的位移定律：黑体辐射的最大强度的波长随着温度的升高

威廉·维恩（1864—1928），德国物理学家，发现热辐射的维恩位移定律，1911 年获得诺贝尔物理学奖。

而变短，且辐射强度最大的波长乘以黑体的温度之积为常数。这意味着只要测量特定温度下最强辐射的波长，计算出常数，其他任何温度下最强辐射的波长就可以计算出来。维恩继续努力，寻找基尔霍夫那传说中的公式。到1896年，他发现了一个黑体辐射能量分布公式，汉诺威大学的帕邢教授很快就确认，这与他所收集的黑体辐射能量分布数据在短波段相符。

当年6月，发现这个被称为分布定律的公式后，维恩离开PTR，去亚琛大学做特别教授了。他在PTR的同事卢墨尔负责对这个公式进行严格的验证测试。经过对实验不断的改进，1899年2月3日，卢墨尔在德国物理学会会议上告诉大家：实验数据与维恩的能量分布公式大致相同，但在红外线波段存在不一致。1900年夏季，在PTR做客座研究的鲁本斯教授对维恩分布公式在红外波段再次进行测试验证，到9月下旬，他发现：理论和实际观测到的数据差别是非常大的，除了说明维恩公式在此处失效，别无解释！

该我们量子故事的第一位主角马克斯·普朗克出场了！

普朗克，1858年4月23日出生于基尔的一个书香世家，1874年进入慕尼黑大学学习物理学，1879年获得慕尼黑大学博士学位。随后，他先后在基尔大学、慕尼黑大学任教。1888年年底，接受亥姆霍兹的邀请，到柏林大学接任了基尔霍夫的理论物理教授职位。普朗克的研究兴趣本来主要集中在经典热力学领域，但在1896年读到了维恩的分布定律后，对黑体辐射倾注了极大的热情。在他看来，维恩的公式反映了自然界的内在规律：和物体本身的性质无关，代表了客观永恒不变的真理！但他也非常明白,任何理论都必须经得起实验事实的检验。

作为普朗克的亲密朋友,鲁本斯等人因为来不及将结果写成论文提交给德国物理学会10月5日的双周例会,决定先将消息告诉急于听到最新结果的普朗克。

10月7日,星期天,鲁本斯和妻子到普朗克家吃午饭。鲁本斯告诉普朗克:他所做的无可置疑的测试表明,维恩定律在长波和高温时不起作用。

当天晚上,普朗克试着列出一个可以和实验数据相符的公式。他整理了一下头绪,发现有三条关键的信息:(1)维恩分布定律在短波长的时候与实验符合。(2)维恩位移定律是正确的。(3)维恩分

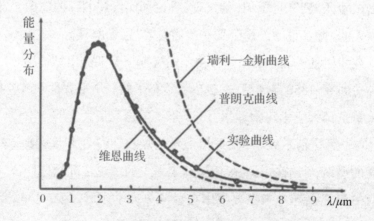

图 2.1　黑体辐射的能量分布与波长的关系
纵轴为辐射强度,横轴为波长。

布定律在红外区域即长波段失去了作用。

作为理论物理学家，普朗克的数学非常好，在黑体辐射上多年来的辛勤耕耘的积累也发挥了重要作用。经过几次尝试，他得到一个公式，看起来很有希望。这难道就是基尔霍夫那个传说中的公式吗？他没把握，这毕竟只是他的灵感和直觉的产物。但他仍然满怀激动和希望，草草地给鲁本斯写了个条子，半夜出门把这个结果寄给了好友！几天后，鲁本斯来到普朗克的家，告诉普朗克，公式与实验数据的对应是惊人的一致！

其实，英国的瑞利勋爵在普朗克之前也得到一个公式，他的公式是根据麦克斯韦能量均分定律推导出来的。科学史研究认为普朗克当时并不知道瑞利公式。1905 年，金斯对瑞利 1900 年的公式进行了修正，得到了我们今天所说的瑞利—金斯公式。这个公式中，黑体辐射能量分布和辐射的频率的平方成正比，即和波长的平方成反比，在长波段和实验结果非常吻合；然而，在短波段（紫外光），随着波长的变短，辐射能量的强度将趋于无穷大。这个结果当然很荒谬，和实验结果相差甚远。奥地利物理学家埃伦费斯特戏称这个结果为"紫外灾难"。这就是本讲开头，开尔文勋爵说的第二朵乌云，而"紫外灾难"说始于埃伦费斯特。

现在，普朗克得到了一个和实验结果十分吻合的公式，物理学上空黑体这朵乌云开始滚动起来，一场革命的暴风雨即将来临！

10 月 19 日星期五的双周例会上，普朗克向大家报告了他的黑体辐射公式。他看着一张张熟悉的面孔，说：这个公式至少与我们目前观测到的已发表的数据是相符的。但他没有得到预想的热烈反应，同行们只是礼貌性地点头表示赞许。因为这个公式只是普朗克凭猜想得到的，不是从物理原理出发推导出来的！之前已经有人准备了自己的公式，希望一旦维恩的分布公式在长波段失效被证实后，就能够填补空白。但毕竟普朗克的公式与实验数据吻合得很好，这些同行们觉得礼貌性地点头赞许还是应该的。

普朗克心里明白同行们不是很热烈地反应的原因。他想，他的公式的成功一定不是表面上侥幸这么简单，这背后一定藏着不为人们知道的秘密，必定有某种普适性的原则支持着这个公式！他注视着他的公式，这背后物理意义是什么？在经历的数周高强度智力拼搏中，普朗克坚持不懈地从 19 世纪的热力学和电磁学这两大理论来解释自己的公式，但没能成功。他把目光转向他不喜欢的玻尔兹曼的气体动力学的统计理论，这时他终于看到了黎明的曙光！玻尔兹曼的理论是建立在原子理论基础上的，普朗克始终是个保守的物理学家，多年来公开对原子理论采取敌视态度，但在攻克黑体辐射公式的道路上，终于接受了原子理论。普朗克说：要不惜一切代价为这个公式找到一个物理解释，不论这个代价有多大，甚至可以牺牲自己对物理学法则所拥有的一切信念！普朗克是个惯于克制自己的保守绅士，说出这样的话是饱含着强烈感情的！他孤注一掷的行动导致了量子的发现。

普朗克发现，在处理熵和概率的关系时，要使他的新公式成立，就必须假定：黑体吸收和发射辐射的能量不是连续不断的，而是分成一份一份的，只能是 hν 的整数倍。这里常数 h=6.266×10⁻³⁴ 焦耳 / 秒，后来被称为普朗克常数，ν 是辐射频率。普朗克把 E=hν 这个能量单元称作 quanta（英文 quantum 的复数形式），这就是量子（quantum）的由来。

在柏林德国物理学会的双周例会上，普朗克宣读了那篇名留青史的《黑体辐射中的能量分布》论文，展示了普朗克公式里面藏着的秘密——量子！会议结束时，普朗克的同事们真诚地扎扎实实地祝贺了他。但是，普朗克把量子概念的引入看作是作假设时需要的一个形式，与会者们也没多加在意。保守的普朗克终其一生想要回避量子理论，但最后不得不得出这样的结论：我们只得接受量子理论，信不信由你，它会扩大影响的。是的，量子诞生了！让我们记住1900 年 12 月 14 日，这天量子诞生了。

二、爱因斯坦的光量子

物理学家们后来只得学习"接受"量子。第一个这样做的人，是一个在伯尔尼的瑞士专利局的年轻的低级公务员（三级技师），他就是阿尔伯特·爱因斯坦！

爱因斯坦，1879 年 3 月 14 日出生于德国乌尔姆市的一个犹太人家庭。1900 年，从瑞士苏黎世联邦理工学院大学毕业，年底入瑞士国籍。大学毕业时，爱因斯坦想当一名物理学家，于是，开始寻找机会给物理学家当助手。但是，他的自荐书几乎把"从北海到意大利最南端的所有物理学家全都光顾遍了"，也没有人给他提供一份工作。无奈之下，他接受了去离苏黎世不到20英里的一个叫温特图尔的小镇教书的临时工作。爱因斯坦虽然要教五六个班的学生，但都在上午，这样他很高兴下午就可以钻研物理学了。1902年，他来到了伯尔尼，随后成为瑞士专利局三级技师。虽然职位很低，但月薪3500瑞士法郎的薪水还是不错的，使他结束了"挨饿这件恼人的事"。

其实，专利局的工作对爱因斯坦来说简直天赐良机！专利审查工作要求"当你拿起一份申请时，要把发明人的任何话语都看成是错误的，不然的话，你就会被套进发明人的思路，而这会扭曲你的见解"。爱因斯坦因而练就了敏锐的挑毛病的能力，并且把这种能力运用到自己所热爱的物理学研究中去。他擅长从物理学家提出的有关自然的法则中，找出微妙的瑕疵和说不通的地方，进行无休止的探索，直到找出其他人都视而不见的真义。

1905年，爱因斯坦，这位专利局的小职员，一个物理学的业余爱好者，天才迸发，连续发表了5篇划时代的论文，照亮了20世纪物理学前进的道路和人类探索宇宙的道路，成为在物理学史上和牛顿比肩的伟人！

3月17日，爱因斯坦向世界顶级物理学杂志《物理学年鉴》寄出《关于光的产生和转化的一个启发性观点》，提出了比普朗克的量子假设更具颠覆性的东西——光量子理论。爱因斯坦认为，频率为

ν 的电磁辐射的能量只能是以一份份大小为 hν 的形式存在的，而不是普朗克认为的只是以 hν 为基元吸收或发射能量。这实际上是把电磁辐射本身量子化了。通过证明电磁辐射有时表现得像粒子，爱因斯坦悄悄地把光量子的概念塞了进去，并用光量子理论完美解释了用经典物理学无法理解的光电效应现象。

1887 年，德国物理学家赫兹在一系列显示电磁波存在的实验过程中，首先观察到光电效应。他发现，在两个金属球之间，如果用紫外线照射其中一个的话，两个金属球之间的火花会更亮一些。面对这个令人难以解释的现象，赫兹说到"希望在它解决（得到解释）之前，其他一些新现象也得到了解释"。这话颇有先知先觉的味道，可惜，1894 年 36 岁的他英年早逝，没能见证他的预言成为现实，令人惋惜。

1902 年，赫兹的前助手莱纳德系统地研究了光电效应现象后，总结出三条规律：（1）照射光频率大于特定值才有电子释放；（2）释放的电子动能随照射光束的频率增高而增加，和光强无关；（3）释放出的电子的数量随照射光的光强增强而增加。

爱因斯坦认为，金属表面的电子需要从光量子中获得足够的能量，来克服金属对它的约束能，然后才能逃逸出来，这就是光电效应的实质。他把电子从金属表面逃逸出来所需要的最小的能量称为"功函数"。光量子的能量为 hν，频率 ν 太小，光量子的能量小于功函数，不足以使电子克服金属表面的束缚而逸出；只有频率大于一定的值，即光量子的能量大于功函数，才可以使电子逃逸出金属的

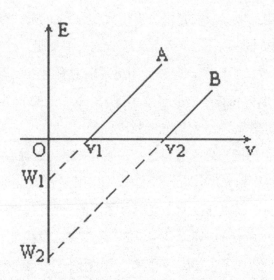

图 2.2　爱因斯坦光电效应原理图
E=hv–W。E 为电子逸出的动能，W 是功函数。

表面。这就解释了莱纳德总结出的规律 1。金属表面的一个电子只能吸收一个光量子（不能累加吸收），逃逸出金属表面的最大动能就是光量子的能量减去功函数，随着频率的增高，光量子的能量越大，电子的动能就越大，这就是规律 2。至于规律 3，是因为每个电子只能吸收一个光量子的，光强越增大光束中光量子的数越多，能够获得光量子的能量逃逸出金属表面的电子当然越多。

　　我们来看看爱因斯坦的关于光量子的思想：频率为 v 的光，其能量以 hv 为基本单位存在，没有连续性。电子一次吸收一个光量子的能量，不能积累。那么，这意味着光是粒子吗？光量子、光子、光究竟表明光是什么？难道光是一种粒子吗，难道光不是已经清楚地下了结论的无可辩驳的一种波动吗？

　　光量子是个十分大胆的假设，直接挑战了整个经典物理学体系。爱因斯坦本人对此十分谨慎，更不要说那些物理界的保守绅士们了。美国物理学家密立根想用实验证明光量子理论是错误的，然而，到了1915年，他啼笑皆非地承认，把自己生命中10年的工夫用在试图否定光量子理论的实验测试的结果，就是有力地证明了光量子理论的正确性。到了1922年，康普顿关于自由电子散射x射线的实验，令人信服地表明，光具有粒子性，不仅能量是量子化的，而且和粒子一样具有动量！

　　现在，让我们回到1905年，这一个奇迹年，爱因斯坦在《物理年鉴》上发表了5篇划时代的论文！

　　3月17日，他完成了就是上面讲述关于光电效应的论文，成为量子物理学的奠基石之一，把1900年普朗克创立的量子论大大推进一步，揭示了微观世界的基本特征：波动—粒子二元性。

　　4月30日，发表了《分子大小的新测定方法》，这是使他获得苏黎世大学博士学位的学位论文。

　　5月11日，发表了一篇用布朗运动解释微小颗粒随机游走的现象的论文《热的分子运动论所要求的静液体中悬浮粒子的运动》。这篇论文是对布朗运动这种平移扩散的开创性研究，和他的博士论文一起成为分子论的重要里程碑。

　　6月30日，发表了《论运动物体的电动力学》一文。这篇论文就是经典物理学晴朗天空中第一朵乌云引起的革命产物。论文首次提出了两个基本公理:"光速不变"和"相对性原理",创立了狭义相对论。相对论是现代物理学的两大支柱之一,另一个支柱就是量子力学。

9 月 27 日,发表了《物体的惯性和它所含的能量相关吗》,对狭义相对论作了进一步补充,提出了物质的质量和能量关系公式 $E=mc^2$。如果我们人类和外太空文明进行交流的话,选一个代表人类科学文明的公式,这个质能公式应该是首选!

在科学史上,只有另一个科学家的另一个年份可以和阿尔伯特·爱因斯坦和他在 1905 年的成就媲美:艾萨克·牛顿的 1666 年。1666 年,23 岁的牛顿为微积分和引力理论奠定了基础,并提出了他的光学理论的概要。

三、玻尔的原子

尼尔斯·玻尔,1885 年 10 月 7 日生于哥本哈根。他是 20 世纪可以与爱因斯坦比肩的伟大的物理学家。它不仅是现代原子物理学的开创者,也是量子物理哥本哈根学派的领袖,他带领为量子物理大厦建立立下卓越功勋的小伙子们,为追求科学真理,与爱因斯坦为代表的维护因果率决定论的科学家们展开了"世界的本质是什么"的一系列论战,推动了 20 世纪量子物理学的发展,推动了人类的文明与进步。

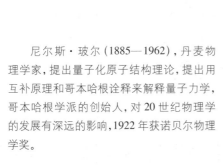

尼尔斯·玻尔（1885—1962），丹麦物理学家，提出量子化原子结构理论，提出用互补原理和哥本哈根诠释来解释量子力学，哥本哈根学派的创始人，对 20 世纪物理学的发展有深远的影响，1922 年获诺贝尔物理学奖。

玻尔，学生时代的数学和科学方面成绩优秀，1903 年考入丹麦当时唯一的大学哥本哈根大学学习物理，1911 年 5 月拿到物理学博士学位。尽管在传统上，有雄心的丹麦人都会选择德国的大学进一步深造，但玻尔却选择了剑桥大学，因为在他心目中，牛顿和麦克斯韦的学术家园才是物理学的中心。

1911 年 9 月，玻尔来到剑桥，加入了 J.J. 汤姆逊领导的卡文迪许实验室。汤姆逊的朋友和学生都亲切地称汤姆逊为 JJ。JJ 因为发现了电子而获得诺贝尔奖。但是，玻尔似乎觉得和 JJ 相处得不太融洽。到了 11 月初，玻尔去曼彻斯特大学看望他父亲以前的一个学生，偶然认识了富有领袖气质的新西兰物理学家欧纳斯特·卢瑟福。

卢瑟福此时任曼彻斯特大学物理系主任,性格热情洋溢、魅力四射。玻尔一见之下,立即心驰神往。回到剑桥后,玻尔想从 JJ 那里寻找的融洽的学术气氛始终没有出现。12 月初,在越来越感到失望的情况下,玻尔在一年一度的卡文迪许实验室研究生晚宴会上再次遇到了卢瑟福。由于被卢瑟福的魅力所吸引,玻尔开始认真考虑改换门庭,想离开剑桥和JJ,去曼彻斯特找卢瑟福。卢瑟福对玻尔颇为赏识,为他在曼彻斯特的实验室提供了一个位置。这样,1912 年 3 月,玻尔来到了曼彻斯特,次年发表了《论原子和分子的结构》三部曲,将量子革命引入高潮!

说起来,卢瑟福也是 JJ 的弟子,他是 1895 年来到卡文迪许的。1897 年,J.J. 汤姆逊在研究阴极射线的时候,发现了电子。这一发现

欧内斯特·卢瑟福(1871—1937 年),英国著名物理学家,提出放射性半衰期的概念,发现嬗变现象,创建了原子有核模型(行星模型),发现了质子,被称为原子核物理学之父,第 104 号元素为纪念他而命名为"鑪",1908 年获诺贝尔化学奖。

打破了从古希腊流传下来的"原子不可分割"的观念,明确展示了原子是可以分割的,它的内部有自己的结构。那么,原子有怎样的结构呢?　JJ 凭想象认为:原子呈球状,正电荷均匀分布在球体中,而电子则一个一个镶嵌在这个圆球上。这个模型,被称为"葡萄干布丁",即原子像个布丁球,电子就像布丁上的葡萄干。

但是,1910 年,卢瑟福在曼彻斯特自己的实验室用阿尔法(α)粒子轰击金箔,想看看"葡萄干布丁"的特性时,发现少数粒子的散射角度非常大,甚至超过 90 度。这太不可思议了!卢瑟福描述道:"这就像你用 15 英寸的大炮轰击一张纸,炮弹被纸反弹回来击中你自己一样。"他认识到,"葡萄干布丁"模型必须被改进。经过反复实验和计算,卢瑟福提出了自己的原子模型。卢瑟福的模型中,原子有一个极小的带正电荷的核心,称作原子核,几乎集中了原子的全部质量,但只有原子大小的十万分之一,而电子一圈圈地绕着原子核旋转。这很像一个行星系统:原子核就像太阳,电子像是绕太阳运行的行星。1911 年,卢瑟福发表了他这个原子模型,因为成功解释了 α 粒子散射角度分布的实验现象,所以看起来很完美。

很快,物理学家们就发现了这个模型有着难以克服的严重缺陷,因为这样的原子是不稳定的。任何做圆周运动的物体,都是做加速度运动。根据麦克斯韦的电磁理论,任何带电粒子在做加速度运动时,都会以电磁辐射的方式不断地损耗能量。这样绕原子核做圆周运动的电子,在万亿分之一秒内就会盘旋地落入原子核。就是说原子很快就会塌缩,如果这样,物质世界就不存在了。

原子没有塌缩，我们的物质世界依然存在。玻尔来到了曼彻斯特，开始谱写物理学史上属于他的华章。

玻尔认真研究了卢瑟福的模型，他相信卢瑟福的原子是稳定的。既然应用的牛顿和麦克斯韦的物理学都没有错，也没有发现电子跌落到原子核，玻尔想，稳定性问题必须从其他角度来考虑。特别是原子层面的问题人们以前从没涉足过，牛顿和麦克斯韦的理论依然适用吗？他把目光转向由普朗克不情愿发现、又由爱因斯坦积极推动的量子。虽然玻尔和几乎所有人一样，不相信光量子说，但他这时深刻地洞察到，原子是以某种方式受量子的调节。1912 年 7 月，玻尔完成了他关于原子结构第一篇论文，试图把量子的概念结合到卢瑟福模型中去，以解决麦克斯韦理论无法解释的难题。他把论文交给了卢瑟福，得到了热切的鼓励。7 月 24 日，玻尔完成了在英国的学习，动身返回丹麦。8 月 1 日，玻尔迎娶了玛格丽特·诺兰德。诺兰德为玻尔的三部曲成文做了实际的书写工作。玻尔讨厌写东西，婚后接下来的几年里，诺兰德成了他事实上的秘书。玻尔的论文通常是这样完成的：他口述，不断地思索着如何用合适的字眼来把自己的意思表达清楚，而妻子则更正和改进他的英语。夫妻俩一起工作的情景非常和谐融洽，颇有点中国古代红袖添香的画面感。

经过一番艰苦的努力，玻尔完成了《论原子和分子的结构》三部曲，分别于 1913 年 7 月、9 月和 11 月发表在《哲学杂志》。玻尔的量子化原子结构理论给出这样的原子图像：

（1）电子在一些特定的可能轨道上绕核做圆周运动。

马克斯·普朗克（1858—1947），德国物理学家，提出能量子概念和常数 h（后称为普朗克常数），成为量子论诞生和新物理学革命的标志，著名的马克斯·普朗克学会（原为德国威廉皇家）是为纪念他而命名，1918 年获诺贝尔物理学奖。

（2）可能轨道是指在轨道上做圆周运动的电子的角动量为 h/2π 的整数 n 倍，其对应的能量为 E_n，n 越大，轨道离核越远且能量越高，这样的轨道为稳定态轨道。而电子的角动量不是 h/2π 整数倍的轨道是非稳定态轨道，是被禁止的。

（3）当电子在这些可能的轨道上运动时原子不辐射也不吸收能量，只有当电子从一个 n 轨道跃迁到另一个轨道 m 时原子才辐射或吸收能量，辐射的频率和能量之间关系由 $E=E_n-E_m=h\nu$ 给出。

玻尔的理论成功地说明了原子的稳定性和氢原子光谱线规律（指的是巴尔末公式）。

玻尔的理论大大扩展了量子论的影响，加速了量子论的发展。

1915 年，德国物理学家索末菲把玻尔的原子理论推广到包括椭圆轨道，并考虑了电子的质量随其速度而变化的狭义相对论效应，导出光谱的精细结构同实验相符。

玻尔根据他的量子化原子模型，认为有两种辐射跃迁方式。第一种是：当电子从一个能量 n 轨道（称为高能级）跃迁到能量较小的 m 轨道（低能级）时，会辐射出能量为 $h\nu=E_n-E_m$ 的光量子，这样的过程称为自发辐射。第二种是：处于低能级 m 轨道的电子，吸收一个能量为 $h\nu=E_n-E_m$ 的光量子，跃迁到高能级的 n 轨道，这个过程称为激发辐射。爱因斯坦提出第三种辐射方式：当一个能量为 $h\nu=E_n-E_m$ 的光量子击中处于高能级 n 轨道的电子，这时电子受到激发跃迁至低能级 m 轨道，并释放出一个能量为 $h\nu=E_n-E_m$ 的光量子，这就是受激辐射。受激辐射发射的光量子与激发它的光具有相同的性质，在特定的条件下，会产生弱光激发出强光的现象，这就是激光。其实，激光的意思就是"受激发射的光放大"。

爱因斯坦还发现，光量子是有动量的，动量是矢量，既有大小也有方向。然而，原子的辐射跃迁过程，电子从一个能级跃迁至另一个能级的时间以及释放出光量子的方向都是随机的。虽然爱因斯坦承认量子是客观存在的，但这种因果关系被打破的事情让他不能接受，由此，引发了他与玻尔间就世界的本质是什么进行了数十年的论战。有关论战的故事我们以后再说。现在我们继续讲述量子诞生的故事。

四、德布罗意的波粒二象性

没有光，我们什么也看不见。可以说：光，是我们见得最多的东西。然而，光是什么？这是人类认识自然绕不开的问题。古希腊时代，人们认为光是由一粒粒细小的"光原子"所组成，这就是最早的光的粒子说。17世纪初，笛卡尔提出，光是一种压力，在媒介里传播。随后，意大利人格里马第提出，光可能是类似水波的波动，这是最早的光的波动说。

1665年，胡克在他出版的著作《显微术》中明确支持波动说。这本著作为胡克赢得了世界级的学术声誉，波动说也似乎一时占了上风。

1666年，23岁的牛顿首次证明，白色的光束是由不同颜色的光混合而成。1672年，牛顿凭着制造出一台杰出的望远镜当选为皇家学会的会员。随后，牛顿向学会提交了他关于光的色散的论文，并于2月8日在皇家学会宣读。论文中，把光的合成与分解比喻为不同颜色微粒的混合与分开。这一观点遭到胡克的激烈抨击。胡克称：光的色彩的合成是窃取他1665年的思想，而微粒说则不值一提！这就引发了第一次"波粒大战"。

这第一次大战相当惨烈。胡克大言不惭在前，牛顿恶语相讥在后，两人最终成了终身死敌。最后牛顿甚至中断与外界的通信，让

勒内·笛卡尔（1596—1650），法国哲学家、数学家、物理学家，创立了解析几何，首次对光的折射定律提出了理论论证，力学上发展了伽利略运动相对性的理论，发展了宇宙演化论、旋涡说等理论学说，近代二元论和唯心主义理论著名的代表。

罗伯特·胡克（1635—1703），英国科学家、博物学家、发明家，提出了描述材料弹性的基本定律——胡克定律，设计制造了真空泵、显微镜和望远镜，细胞一词即由他命名。

克里斯蒂安·惠更斯(1629—
1695),荷兰物理学家、天文学家、数学
家,对力学的发展和光学的研究都有杰
出的贡献,在数学和天文学方面也有卓
越的成就。他建立了向心力定律,提出
动量守恒原理,发明了机械摆钟,是近
代自然科学的一位重要开拓者。

让·菲涅尔(1788—1827),法国
物理学家和铁路工程师,完善了光的
衍射理论,发现了光的圆偏振和椭圆
偏振现象,用波动说解释了偏振面的
旋转;推出了反射定律和折射定律的
菲涅耳公式;被誉为"物理光学的缔
造者"。

自己在剑桥与世隔绝。而波动学说主将，荷兰物理学家惠更斯在1690年出版了著作《光的性质》，发展出一套光的波动理论，可以解释光的折射、反射和衍射现象，标志着波动说具有压倒性优势。

然而，在胡克去世的第二年，1704年，牛顿出版了他的皇皇巨著《光学》。在这本著作中，牛顿用粒子说解释了种种光学现象，驳斥了波动理论。特别是把微粒说和他的力学体系相结合，使得这个理论呈现出无与伦比的威力。

此时的牛顿已经是出版《自然哲学的数学原理》的牛顿，是发明了微积分的牛顿，是国会议员、造币局局长、皇家学会主席的牛顿，是科学界封神的牛顿。而波动学说群龙无首，惠更斯早在1695年去世，胡克已死。波动说在摧枯拉朽的打击下，以惨败告终！粒子说取得了物理学界公认的地位。然而，波动说没有被消灭，100年后，它又东山再起！

1807年，英国人托马斯·杨出版了他的《自然哲学讲义》，里面第一次描述他那名扬天下的光的双缝干涉实验（见第一讲），明暗相间干涉条纹的明白无疑告诉世人，光是一种波动。这本著作的出版，点燃了"第二次波粒战争"的导火索。虽然干涉条纹这门波动说的新大炮威力无比，但微粒说捍卫者们以攻代守，他们指出1809年发现的偏振现象和波动说有矛盾（当时的波动说认为光是纵波）。战争陷入胶着状态。1819年，一个叫菲涅耳的法国年轻的工程师向法兰西科学院提交了一篇论文。这篇论文中，菲涅耳采用波动的观点，以严谨的数学推理，无可挑剔地解释了光的衍射问题。

托马斯·杨（1773—1829），英国医生、
物理学家，他做的杨氏双缝干涉实验，为
光的波动说奠定了基础。

海因里希·赫兹（1857—1894），德国物
理学家，用实验证实了电磁波的存在、发
现电磁波的传播速度相当于光速，发现了
光电效应现象。为纪念他的伟大贡献，国
际单位制中频率的单位以他的名字命名。

　　1821 年，菲涅耳发表题为《关于偏振光线的相互作用》的论文，用横波理论解释了偏振现象。1850 年，傅科测得光在水中的传播速度只有在真空中的 3/4。这些结果直接宣判粒子说的死刑。随后伟大的英国物理学家麦克斯韦在 1856 年、1861 年和 1865 年发表了电磁理论 3 篇论文，建立了经典电磁学的宏伟大厦。麦克斯韦预言：光其实是电磁波。而这一预言，在 1887 年由赫兹用实验证实。至此，"第二次波粒战争"，波动说取得完胜。物理学家公认，光是一种波！

　　然而，爱因斯坦的光量子理论指出了光的粒子性，康普顿的实验令人信服地展示了光的粒子特性。光到底是一种波还是一个粒子？这个问题再次浮出水面，令人无法回避。这时，我们的故事中，能把这个问题说清楚的一个法国人该出场了，他叫路易·德布罗意。德布罗意家族的一位先人为路易十五效力有功，被册封为世袭公爵。这位公爵的儿子又立有大功，被皇帝授予可以世袭的亲王头衔以表谢意，所以，德布罗意被尊称为王子。有这样家族背景的人，为量子物理学的建立作出基础性贡献，真是意想不到啊。

　　路易·德布罗意 1892 年 8 月 15 日生于法国蒂耶普。受 x 射线物理学家哥哥莫里斯·德布罗意公爵的影响，从巴黎大学历史系毕业的路易在 20 岁时将兴趣转向了物理，并且在 1913 年拿到了理学学士学位。随后，他当了 6 年的兵，直到 1919 年 8 月才复员。痛惜穿军装逝去的 6 年时光，他更加坚定地选择研究物理学的道路。在哥哥的鼓励下，他在莫里斯装备完善的实验室度日，跟踪 x 射线和光电效应方面的研究进展。兄弟俩都觉得，光的波动理论和粒子理论在某种意义上都是正确的。

　　1923 年,德布罗意想:如果光可以表现得像一个粒子,那么,电子可以表现得像一个波吗?假定电子的波长为 1,如果玻尔的原子中的电子轨道周长为半波长 1/2 的整数倍,那么,电子就是环绕原子核的稳定的驻波,而不是在轨道上运行的粒子了。这样,电子就不存在加速度,也不会持续辐射损失能量而跌入原子核了。这样就避免玻尔强加的没有任何合理解释的条件:电子在稳定态的轨道上绕原子核旋转不产生辐射。通过计算,德布罗意发现,玻尔原子的稳定态的电子轨道的周长,恰好就是可以形成电子驻波的长度。

　　1924 年春天,德布罗意把自己的想法以扩展的形式写成了博士论文提交了上去。论文中提出,电子既是波,也是粒子;实际上,所有的物质都既是粒子也是波,这就是所谓的波粒二象性。他还给了个公式,把粒子的波长 λ 和动量 p 联系起来,$\lambda = p/h$,h 就是我们熟知的普朗克常数。当时,波粒二象性是很难被理解的,但由于博士论文答辩考官中的郎之万教授事先征求爱因斯坦对论文意见时得到了高度的评价,论文答辩愉快地通过了。我们的 32 岁物理学家王子为自己赢得博士学位,而且这个学位含金量也许是有史以来最高的,凭借博士论文就直接获得了诺贝尔物理学奖!

　　1927 年,美国物理学家戴维逊用电子的晶体衍射实验,证实电子的波动性。同时,G.P. 汤姆逊 (JJ 的儿子) 也通过实验证明了电子的波动性。他俩一起获得 1937 年的诺贝尔物理学奖。有意思的是 J.J. 汤姆逊因为发现电子是一种粒子获得 1906 年诺贝尔奖,物质的

图 2.3　电子的晶体衍射花样

波粒二象性在父子间体现出来了!

从普朗克的黑体辐射公式到爱因斯坦的光量子,从玻尔的量子化原子到德布罗意的波粒二象性,量子物理的大厦已经有了坚实的基础。量子这时需要的是一种新的理论,一种适合量子的新的力学。而年轻物理学家们将在新力学创立中放出耀眼的光芒,把自己镌刻在人类文明进步的丰碑之上!

—— 第三讲 ——

群星璀璨——物理学史上最靓群体

　　量子物理大厦建立的过程中，天才的小伙子们功勋卓著。泡利提出电子自旋的概念解释了磁场中氢原子谱线的四重或多重分裂，海森堡和薛定谔相继建立了矩阵量子力学和波动量子力学，波恩的概率波解释意味着量子世界遵循的是概率论而不是决定论，狄拉克给出了一套数学形式优美的量子理论，海森堡发现了不确定原理，至此，量子物理学的大厦——量子力学得以建立。

一、泡利和海森堡

玻尔的量子化原子模型中，电子绕核在圆周轨道上运行，n 称为主量子数，它规定了一个稳定态以及所允许的圆形轨道。n 决定了所允许的轨道的半径和相应稳定态的能量。索末菲改进了这个模型，

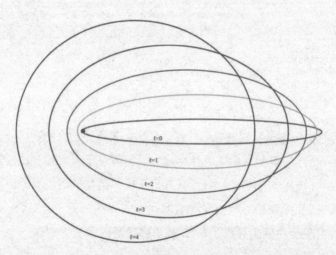

图 3.1　玻尔—索末菲原子结构示意图

该图表示，对于 $n = 5$，$l = 0$，1，2，3 轨道为椭圆；$l=4$，即为玻尔模型中 $n = 5$ 的轨道。

允许电子在椭圆的轨道上运行。对一个椭圆轨道进行定义，就需要两个参数。除了原来的主量子数 n，索末菲引入轨道量子数 l 来量子化椭圆的形状。主量子数 n 决定了 l 可以具有的值，l 的量子化取值为 $l=0,1,2,\cdots,n-1$ 的共 n 个整数。如 n=1,l=0 ；n=3,l=0,1 和 2。考虑到轨道在空间的取向的量子化，引入第三个参数叫磁量子数 m，m 的取值范围为 $-l \le m \le l$ 的整数。例如，l=3,m=-3,-2,-1,0,1,2,3。改进后的原子模型很好地解释了氢原子巴尔末谱线的双线现象和磁场中氢原子谱线的塞曼效应。

沃尔夫冈·泡利，1900 年 4 月 25 日出生于维也纳。他的父亲老沃尔夫冈是维也纳大学的教授，母亲贝莎是著名的记者和作家。奥地利著名的物理学家马赫是泡利的教父。尽管泡利 1914 年夏天

沃尔夫冈·泡利（1900—1958），美籍奥地利物理学家，提出电子自旋理论和泡利矩阵，提出泡利不相容原理，预言了中微子的存在，1945 年获诺贝尔物理学奖。

后再也没见过马赫，投身物理学后更是与爱因斯坦和玻尔等伟大的科学家们一起工作并结下深厚的友谊，他始终认为马赫是对他学术生命影响最大的人。

泡利在学术上具有独特的天赋。1918 年 9 月，泡利从维也纳到慕尼黑大学跟随索末菲教授攻读博士学位。1919 年 1 月，他写的一篇关于广义相对论的论文出版，泡利这位还不到 19 岁的博士生新秀，就被他人看作是一位相对论专家了。索末菲极为器重泡利，请他为《德国大百科全书》物理卷撰写相对论部分的内容。看到泡利的初稿，索末菲认为"这篇文章是如此的深刻和成熟，不需要我再提出任何的修改意见"。爱因斯坦更是衷心地赞扬道："对这个领域的理解力、熟练的数学推导能力、对物理学深刻的洞察力、使问题明晰的能力、系统的表述、对语言的把握、对问题的完整处理和对其评价，是任何一个人都会感到羡慕的。"这篇文章近百年来都是关于相对论的最经典的文献之一。

1921 年 10 月，获得博士学位之后，泡利去哥廷根大学担任理论物理学家波恩教授的助手。1922 年秋，泡利应邀去哥本哈根玻尔主持的理论物理研究所担任为期一年的玻尔助手的工作。这成了泡利的学术生命中一个新阶段的起点。

这个时候，泡利开始试图去解释"反常"塞曼效应。原子在强磁场中，原子的光谱线就会劈裂，一条谱线会分解为两条或三条谱线，出现精细结构，这是正常塞曼效应。索末菲改进的玻尔原子模型中新设定的两个量子数 l 和 m 很好地解释了这个问题。然而，随着对氢原子光谱线实验研究的深入，人们很快发现，有些谱线分裂为四重线或更多的线，这个现象现有的量子化原子理论解释不了，所以叫作反常塞曼效应。泡利认为正是由于"迄今为止那些物理学自身存在的缺陷所导致的"。他认为自己有必要去纠正这种情况。到了1924年，剑桥大学一个叫斯托纳 (Stoner) 的研究生在自然科学上发表了题为《原子能级中的电子分布》的论文，认为碱金属原子的最外层原子可以选择的能态，和元素周期表中紧随该元素后的惰性元素的最后闭合轨道的电子数量一样多。泡利敏锐地意识到，这意味着一个既定的主量子数 n 对应着一个玻尔电子壳层，而这个电子壳层所包含的电子数目为 $2n^2$。而主量子数为 n 的电子壳层可能具有的量子态数目为 n^2。例如，n=3 时，量子态数的组合 (n, l, m) 的数目有 9 个。为什么闭合壳层的电子数是量子态数的两倍？每个量子态数可以容纳 2 个电吗？一定不是，反常塞曼效应显示的能级分裂表明没有两个电子具有相同的量子态。那么，一定存在第四个量子数，而这第四个量子数是电子本身具有的，它具有二值性，即占据 n, l, m 相同的量子态的两个电子本身具有 2 个不同的量子态的值。于是，泡利发现了不相容原理，一个原子不能容纳量子态完全相同的 2 个电子。泡利不相容原理不仅解决了反常塞曼效应的解释问题，更是为元素周期表中的元素排列和惰性气体的电子壳层闭合提供了根本的解释。1925 年夏天，荷兰莱顿大学的两名研究生古德斯密特和乌伦贝克证明，电子具有角动量，他们把这个角动量叫电子自旋角动量，角动量的量子化取值为 s=+$\frac{1}{2}$或 $-\frac{1}{2}$。泡利很不喜欢这个叫法，因为这又回到经典物理的电子是旋转粒子图像上了。德布罗意之后，物理学家已经接受电子是绕核运动的驻波的概念了，因而，新量子数 $s=+\frac{1}{2}$ 或 $-\frac{1}{2}$ 表明电子具有内禀为 $\frac{1}{2}$ 或 $-\frac{1}{2}$ 的角动量，是无法从经典物理的角度描述的。

至此，旧量子理论画上了句号。让我们来看看德国神童海森堡怎样像玩魔法一样呼唤出新的量子理论。

沃纳·海森堡，1901年12月25日出生于德国维尔茨堡，因他父亲后来被任命为慕尼黑大学拜占庭语言学教授，全家搬到慕尼黑。1920年夏天，海森堡中学毕业，因为获得了一个奖学金，想到慕尼黑大学学习数学，但面试没有通过。海森堡的父亲把海森堡介绍给

沃纳·海森堡（1901—1976），德国物理学家，创立了矩阵量子力学，并提出不确定性原理，是量子力学的主要创始人之一，哥本哈根学派的代表人物，1932年获诺贝尔物理学奖。

索末菲,说他的儿子对相对论和原子物理学特别感兴趣。索末菲是位真正关心年轻人的人,并能够根据每个人的不同天赋加以培养。他对海森堡说:"你不可能从最难的部分入手,并希望其他部分会自动地被你掌握",并鼓励道,"也许你知道一些东西,也许你什么也不知道。但我们会知道的。"

索末菲允许海森堡参加为高年级的学生设置的科研讨论班。在这个讨论班上,海森堡认识了泡利。私下里,索末菲对海森堡说,泡利是自己最有天赋的学生,海森堡可以从泡利那里学到很多东西。海森堡牢记着这些话,在讨论班上总是在紧挨着泡利的位置坐下。这两个年轻人就这样建立了持续终身的职业上的合作关系。泡利建议海森堡不要将过多的精力放在相对论上,而应该选择量子原子这个更有潜力的领域来研究。泡利被认为对物理学的直觉在同代人中无人能及,甚至连爱因斯坦都无法超越他。只是他对自己的研究工作非常苛刻,影响了他创造力的自由发挥,否则,应该会有更多、更大的成就。海森堡真是幸运,还没入门,就遇到了泡利这样的天才!

1922年6月,玻尔应邀在哥廷根作关于原子物理学的系列讲座。索末菲带了海森堡等几个学生去听课。海森堡听讲座时的提问引起了玻尔的注意,他晚上邀请海森堡出去散步。三个小时徒步后,玻尔邀请他到哥本哈根待一个学期。海森堡突然发现自己的未来充满了新的希望和可能。

夏天快结束时,海森堡完成了博士论文。得到博士学位后,他去哥廷根波恩那里待了一段才去了哥本哈根。波恩十分赏识海森堡,在给爱因斯坦的信中说到他和泡利一样天赋过人。

1923 年 3 月，海森堡来到哥本哈根的理论物理研究所，就是人们熟知的玻尔研究所。泡利得知海森堡要到哥本哈根去时，已经回到了汉堡大学。他给玻尔写了封信，称海森堡具有杰出的天才，并将极大地推动物理学的发展。但海森堡现在的物理知识必须通过一种更为连贯的哲学来强化。海森堡在玻尔那里学到他需要的哲学。多年以后，海森堡将他这个为期两周的访问形容为来自天上的礼物。

同年 7 月，海森堡再次回到玻尔的研究所，待了 7 个月。这段时间，他充分领教了玻尔如何处理那些困扰量子问题的方法。"从索末菲那我学到了乐观主义，在哥廷根学到了数学，从玻尔那里我学到了物理"，多年后海森堡这样说道。

马克斯·波恩（1882—1970），德国物理学家，量子力学的波动理论建立者之一，提出波函数的概率诠释，量子力学奠基人之一，1954 年获诺贝尔物理学奖。

1925 年 6 月，已经回到哥廷根的海森堡花粉过敏。6 月 7 日，为了休整，他来到一个离德国大陆约 30 英里的黑尔戈兰岛，这个北海中面积不足 1 平方英里的小岛使他很快就感觉好多了。在放松悠闲的状态下，他集中精力去猜测氢原子谱线强度的谜底。

在玻尔那里学到的哲学，使海森堡只考虑产生谱线的频率和强度，这是人们对原子内部发生的事情唯一可观测到的数据。他将这些数据按照原子能级列成一个数阵，按照玻尔的对应原理，计算出原子能级间跃迁的频率和强度。某个夜晚，海森堡突然发现，通过赋予他所列数阵的特殊乘法法则，他解决了所有的问题。这位年轻的物理学家，心花怒放，却又忧心忡忡。因为他自己无法明白所使用的乘法法则。6 月 19 日，他回到德国，直接去汉堡找了泡利。得到泡利这位曾经对他进行过严苛批评的合作伙伴的鼓励后，海森堡着手整理他的发现，试图建立量子的新理论。他要给量子一个方程，他要让量子理论成为量子力学。很快，他完成了他那篇划时代的论文，并给泡利送了一份。泡利认为这篇论文带来了一份新的希望，给生命带来了乐趣！海森堡论文的结尾写道："使用可观测量之间的关系去确定量子力学数据的方法……是否过于粗糙，只能通过对该方法进行一个彻底的数学研究来判断。"

波恩看到这篇论文的几天后忽然意识到，海森堡的乘法法则就是矩阵乘法。矩阵乘法 $A \times B$ 一般不等于 $B \times A$。海森堡听到后说：天啊，我根本不知道什么是矩阵！故事讲到这儿，我只能感慨：海森堡真是天选之人！

波恩想找人帮助海森堡将原始方案改进成一个理论框架。他认为泡利非常合适。可是泡利直接拒绝了，还尖刻地说，你那无用的数学公式只会把海森堡的物理思想破坏掉。无奈之下，波恩找到他的另一名学生帕斯库尔·约当。约当在大学时开始是学数学的，十分精通矩阵理论。将矩阵理论应用到海森堡的理论后，仅仅两个月，波恩和约当就建立了新的量子理论——量子力学（也叫矩阵力学），很快论文发表在德国的《物理学》杂志上，论文名字就叫《论量子力学》。海森堡也很快掌握了矩阵的数学，10月中旬，回到哥廷根，三人合作，给出了第一个逻辑上一致的量子力学表述，以题为《论量子力学II》在11月26日的《物理学》杂志上发表。

由于当时的物理学家基本都不熟悉矩阵这门数学，所以他们对海森堡最初的工作保留了意见。爱因斯坦说：海森堡靠魔法进行计算；在哥廷根，他们信这个（我却不信）。玻尔认为这个理论还无法用来解决原子的结构问题。而泡利在11月上旬，就用矩阵力学推导出了和试验相符的氢原子的谱线，并且还计算了外部电场对光谱的影响——斯塔克效应。而那时《量子力学II》的三人论文还在撰写中呢。泡利是捍卫了新的量子力学正确性的第一个人。

二、薛定谔、狄拉克和波恩

埃尔温·薛定谔于1887年8月12日出生于维也纳。

1925 年 10 月,这位已经过了 38 岁生日的苏黎世大学的理论物理学教授,对自己到底能否作出重大贡献、跻身一流物理学家行列充满了怀疑。就在这时,他读到了德布罗意关于波粒二象性的论文,产生了浓厚的兴趣。11 月 23 日,在苏黎世大学与苏黎世联邦理工学院的物理学家们的双周碰面会上,薛定谔报告了德布罗意的物质波理论,以及如何通过要求电子应该沿着固定的轨道形成整数驻波从而得到玻尔和索末菲的量子化定律的。主持会议的德拜教授认为,这个理论牵强附会,波的物理学,包括声波、电磁波等,都具有可以描述的方程;德布罗意的物质波理论没有给出一个波的方程。"如果有波,就一定会有波的方程式",薛定谔决心找出这个方程式来。圣诞节休假到了,薛定谔离开苏黎世,到阿尔卑斯山的休养胜地阿

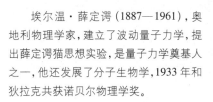

埃尔温·薛定谔(1887—1961),奥地利物理学家,建立了波动量子力学,提出薛定谔猫思想实验,是量子力学奠基人之一,他还发展了分子生物学,1933 年和狄拉克共获诺贝尔物理学奖。

罗萨休假。在阿罗萨，薛定谔从德布罗意的波粒子公式和经典物理中的几种波的方程入手进行尝试，很快他找到了那个波动方程。

1926 年 1 月，薛定谔回到苏黎世发现，他的方程可以复制出氢原子的一系列能级。比德布罗意一维电子波更为合理的是，薛定谔的方程得出了电子的三维分布函数，原子的能量可以从方程的解直接得出，薛定谔将自己的理论称为波动力学。1 月 27 日，薛定谔将他的波动力学方程和在氢原子上的应用结果以题为《量子化的本征值问题》寄给了《物理学年鉴》，3 月 13 日得到发表。薛定谔的波动方程是个二阶偏微分方程，这是当时物理学家所熟悉的数学语言，因而很快得到热烈的反响。普朗克说，读到这篇论文的时候，自己像个急切的孩子一样听到了谜团的揭开。爱因斯坦说，能得出您这个想法的人是一个真正的天才。波恩称波动力学为量子力学最深刻的形式。

现在，量子力学有两个理论，一个是运用矩阵代数的矩阵力学，一个是运用波动的偏微分方程的波动力学。在氢原子能谱这个事情上给出了相同的答案，都是正确的。那么，这两者之间有什么关系呢？

1926 年 4 月，波恩读到薛定谔的论文，很快就意识到"波动力学作为一个数学工具的优越性"，这毕竟是当时物理学家所熟悉的数学形式。波恩承认薛定谔波动方程的形式。薛定谔的波动方程中用希腊字母 Ψ 表示波函数，来描绘波的运动。然而，是什么在做波动？这个波动的物理意义是什么？波恩提出了他的解释。波恩认为，

波函数 Ψ 描述了在空间某点发现电子的概率。波函数是一个变量为时间和空间位置的复变函数，在给定的时间和位置，这个函数的模（复数是由实数和虚数两部分组成，以实数和虚数的值分别为直角三角形两个直角边，那么这个直角三角形的斜边的值就是这个复数的模）平方的值，就是在这个时间和位置发现电子的概率。也就是说，波恩认为，薛定谔的波动方程中的波函数描述的是个概率波。这一解释意味着，在量子世界，物质遵循的是概率，而不是决定论。但是，爱因斯坦不接受这个解释，他说：我确信上帝不玩骰子。由此引发了他与玻尔为代表的哥本哈根学派间关于世界的本质的世纪论战。这个论战虽至今没有结论，但深刻地影响着物理学的发展。

在量子力学的大厦建立过程中，哥本哈根、慕尼黑和哥廷根被誉为量子物理学的黄金三角。薛定谔的贡献为维也纳在量子物理发展中的地位挣得了一席之地。当然，经典物理学圣地，诞生了伟大的牛顿和伟大的麦克斯韦的剑桥不作出重大贡献岂不是很没面子？为剑桥挣得颜面的是一个叫保罗·狄拉克的年轻的学生。

保罗·狄拉克，1902年8月8日诞生于英国布里斯托尔。1918年，狄拉克进入布里斯托尔大学学习电气工程，三年后毕业时获得一等荣誉学位，又留在母校继续学习了两年数学。1923年，获得数学学位后，狄拉克来到剑桥，师从卢瑟福的女婿、物理学家福勒攻读博士学位。海森堡1923年7月初，在完成他那篇名留青史的论文后，短暂访问了剑桥。访问期间，他曾住在福勒家中，和福勒讨论他关于量子力学方程的最新想法。福勒向海森堡要了论文的副本，并给了

保罗·狄拉克 (1902—1984)，英国物理学家，证明了量子力学的波动理论和矩阵理论是相互等价的，得到了电子相对论量子力学方程 (狄拉克方程)，预言了正电子的存在，独立发现了费米子的量子统计理论，是量子力学的奠基者之一，1933 年和薛定谔共获诺贝尔物理学奖。

狄拉克，要狄拉克关注海森堡的工作。数学功底很好的狄拉克很快就意识到，海森堡的乘法不可交换律 (即 $A \times B$ 不等于 $B \times A$) 就是海森堡新理论的核心。狄拉克借用经典力学泊松括号的概念，通过区分可对易量 (即 AB=BA) 和不可对易量 ($AB \neq BA$)，建立了一套形式优美的量子理论，并就以题为《量子力学》的论文发表，这篇论文让他 1926 年 5 月获得了博士学位。1926 年 9 月，狄拉克建立表象变换理论，证明了波动力学和矩阵力学是量子力学的两种特殊形式。

1927 年 1 月，海森堡证明，粒子的动量和位置不可同时确定的值。如果 Δp 和 Δq 分别代表一个粒子的动量和位置的不确定量，那么 $\Delta p\Delta q \geqslant h/2\pi$，这就是海森堡不确定性原理。进一步研究发现，不确定性原理是普遍的，任何两个不对易物理量 A 和 B（即 $AB \neq BA$），都存在 $\Delta a\Delta b \geqslant h/2\pi$，例如，$\Delta E$ 和 Δt 代表某个量子系统的不确定性，$\Delta E\Delta t \geqslant h/2\pi$。

1928 年狄拉克提出了描述电子的相对论性方程——狄拉克方程，并独立于沃尔夫冈·泡利的工作发现了描述自旋的 2×2 矩阵。然而，狄拉克方程与克莱因—戈登方程有相同的问题，存在无法解释的负能量解。这促使狄拉克预测电子的反粒子——正电子的存在。他诠释正电子来自填满电子的狄拉克之海。正电子于 1932 年由卡尔·安德森在宇宙射线中观察到而证实。狄拉克方程同时能够解释自旋是作为一种相对论性的现象。

从 1900 年普朗克为解释他的黑体辐射公式将辐射的发射和吸收量子化，到爱因斯坦的光量子说，从玻尔的量子化原子结构模型到德布罗意的波粒二象性，到海森堡和薛定谔相继建立了矩阵量子力学和波动量子力学，量子理论的大厦——量子力学终于建立。

有了量子力学，于是我们就有了电脑、电视机，有了洗衣机、电冰箱，有了万家灯火和卫星导航，所有这些都是量子力学造福我们人类，是量子力学推动和造就现代世界的科技文明。

三、后来的佼佼者

在量子力学的后续发展过程中，还有许多杰出的科学家作出了重要贡献，他们的故事也同样引人入胜，精彩迭出。这里，我们简要地介绍两位代表人物：被誉为"爱因斯坦之后最睿智的科学家"理查德·费曼和被称为"伟大的数学家的最后一位代表"冯·诺伊曼。

费曼，1918 年 5 月 11 日出生于美国纽约的一个犹太家庭，1935年进入麻省工学院，先学数学，后转学物理。1939 年本科毕业后，在普林斯顿大学师从惠勒攻读博士学位，致力于研究量子力学发散困难的疑难问题，1942 年获得博士学位。

费曼于 20 世纪 40 年代发展了用路径积分表达量子振幅的方法，并于 1948 年提出量子电动力学新的理论形式、计算方法和重正化方法，从而避免了量子电动力学中的发散困难。他独立提出用跃迁振幅的空间—时间描述来处理概率问题。他以概率振幅叠加的基本假设为出发点，运用作用量的表达形式，对从一个空间—时间点到另一个空间—时间点的所有可能路径的振幅求和。路径积分理论方法简单明了，成为矩阵力学和波动力学之外的第三种量子力学的表述方法。

目前，量子场论中的"费曼振幅""费曼传播子""费曼规则"等均以他的姓氏命名。

费曼图是费曼在 20 世纪 40 年代末首先提出的，用于表述场与场之间的相互作用，可以简明扼要地体现出过程的本质。费曼改变了把物理过程概念化和数学化的处理方式，是现代物理学中对电磁相互作用的基本表述形式。

费曼在 1959 年作了的一次题为《在底部还有很大空间》的演讲。他说，从石器时代开始，人类从磨尖箭头到光刻芯片的所有技术，都是削去或者融合数以亿计的原子以便把物质做成有用的形态有关。费曼追问道，为什么我们不可以从另外一个角度出发，从单

冯·诺依曼（1903—1957），美籍匈牙利数学家、计算机科学家、物理学家，是现代计算机、博弈论、核武器和生化武器等领域内的科学全才之一，被后人称为"现代计算机之父""博弈论之父"。

个的分子甚至原子开始进行组装，以达到我们的要求？他说："物理学的规律不排除一个原子、一个原子地制造物品的可能性。"他的这个演讲，被称为纳米技术最初的灵感之源，而他也被称为"纳米之父"。

费曼在 20 世纪 60 年代坚持为加州工学院的本科生们讲授大学物理课程。根据他上课讲授的内容整理出版的《费曼物理学讲义》是最受欢迎的物理学经典教材之一。

顺便提一下：费曼在蜜月旅行时，还顺便破译了玛雅文字。

可见，被誉为"爱因斯坦之后最睿智的物理学家"，对费曼来说也是实至名归。

冯·诺依曼是匈牙利裔美国数学家、物理学家、计算机科学家和博学家。冯·诺依曼一般被认为是他那个时代最重要的数学家，也是一位自由驰骋于自然科学与应用科学的天才。

冯·诺伊曼对量子力学的兴趣开始于 1925 年，他当时在柏林工作，他经常访问海森伯所在的哥廷根，那里的首席数学家是希尔伯特。受希尔伯特的鼓励，他对量子力学非常感兴趣，对量子力学的数学结构进行了系统深入的研究。

1932 年，冯·诺伊曼的著作《量子力学的数学基础》出版，这是一本革命性的著作，它引起了理论物理学的巨大变化。这本书中，他认为由希尔伯特最早提出的思想就能够为物理学的量子论提供一个适当的基础，而不需再为这些物理理论引进新的数学构思。他首先介绍了厄米算符和希尔伯特空间理论，它们提供了转换理论的框架,冯·诺依曼将其视为量子力学的确定形式。应用这一理论,他用严谨的数学来应对量子理论中的一些普遍问题,如量子统计力学以及测量过程。这本书至今依然是量子力学的标准数学形式。

第二部分

探微的螺旋

—— 第四讲 ——

分身千千万——量子世界有何神奇

　　量子性质十分神奇，无论是叠加态还是纠缠态都彻底颠覆了我们在宏观世界中习惯了的认知，也使我们对量子世界的观察和操控充满了不确定性。量子性质也非常脆弱，对一个量子态的制备、操控和观察，每一步都是对人类知识和技术的挑战。

一、量子态的叠加性

量子态的叠加性质来源于微观物质的波动性。因此，物理学家用波函数来描述一个微观体系的状态，这个状态是用一系列的波的叠加来描述。最简单的情况，用狄拉克矢量（一种物理上常用的数学符号，由英国著名物理学家、1933 年诺贝尔物理学奖得主狄拉克引入，用来表示量子力学体系的状态）表示，就是有 $|\emptyset_1\rangle$，$|\emptyset_2\rangle$ 两个状态，如果这个微观体系处在两者的线性叠加，那么这个体系可能的状态为 $|\emptyset\rangle = |\emptyset_1\rangle + |\emptyset_2\rangle$，表示它处在这两种状态的可能性各为 50%。但是，这种量子态的叠加性与经典波的叠加性有着本质的不同。经典世界的机械波的叠加是不同振动方式的叠加；而量子态的波函数的叠加是不同概率分布的叠加，其本质是物质波所描述的微观粒子空间分布的不确定性。最著名的量子态叠加现象之一是奥地利物理学家薛定谔提出的思想实验——薛定谔猫佯谬：用一只具有量子特性的猫来展现量子世界的奇特的一面。如图 4.1 所示，密封的盒子内关着一只量子猫和一个放射性原子，原子有 50% 的概率发生衰变。若原子衰变，则盖格计数器诱发斧子落下，砸碎毒药瓶，则

图 4.1　薛定谔猫佯谬思想实验

猫被毒死；若原子不衰变，药瓶未被砸碎，则猫依然活着。那么，在原子衰变的周期内，这只量子猫到底是死还是活呢？

根据波函数的概率解释，量子猫将有 50% 的概率死了，也有 50% 的概率活着。这是一种半死半活的状态，即密封盒子内的量子猫将会是处于死和活的叠加态。用以上波函数的描述，这只量子猫的状态应该是"死猫"量子态和"活猫"量子态的叠加态。但一旦打开盒子，这个叠加态便不再存在，因为我们能清楚地知道这只量子猫到底是死还是活。用专业的语言说，观测破坏了量子的叠加态。

叠加性所带来的这种不确定性在宏观世界是不存在的，因此，这个薛定谔猫佯谬一度使物理学家也极度困惑，物理界和哲学界就客观世界和人的意识的决定因素曾展开过一场大辩论：如果人的观测能决定猫的生死，那么人的意识是否也会决定客观世界的走向呢？更为有趣的是 20 世纪 50 年代兴起的多世界理论，也被称作"平行宇宙论"。支持这个理论的科学家认为，薛定谔猫佯谬实验中，盒子在被打开观测之前，与其说猫处于一种既死又活的状态，不如说这只猫同时处于不同的"宇宙"中：有的"宇宙"中猫是活的，有的"宇宙"中猫是死的。这种解释听起来虽有些荒诞不经，但它的确成功避开了很多争论不清的问题，将微观和宏观世界联系在了一起。由多世界理论可以演化出"时空穿梭"、在时空旅行中关于"杀死过去的我"等有趣的现象，这已经成为很多科幻作品中的主题。不过，目前这些都仅仅是理论层面的假说和推论，还没有任何物理证据证明其能真实地发生。

另一方面，叠加性也给人们带来了一些新的应用潜力。例如，由此所引申出的量子态不可克隆性在保密通信中就有着独特的作用。在经典世界，无论是一个物质还是某种状态原则上都是可以被复制的，专业术语称为"克隆"。但是，量子世界中这种叠加性所带来的不确定性却使精确地克隆一个量子态无法完成。我们还是用状态的克隆来举例。经典世界中的某个状态 $|\emptyset_1\rangle$ 被克隆之后，我们就拥有 $|\emptyset_1\rangle \otimes |\emptyset_1\rangle$ 这样一个总状态，其中前者为原态，后者为其复制态。但在量子世界中，叠加态 $|\emptyset_1\rangle + |\emptyset_2\rangle$ 被克隆之后，我们能得到的仅仅是 $|\emptyset_1\rangle \otimes |\emptyset_1\rangle + |\emptyset_2\rangle \otimes |\emptyset_2\rangle$ 这样一个状态，并非 $(|\emptyset_1\rangle + |\emptyset_2\rangle) \otimes (|\emptyset_1\rangle + |\emptyset_2\rangle)$。因此，量子态的克隆虽然可以使量子叠加性的不确定性得以保留，但仅仅是叠加态的各个分量被克隆，而叠加

态本身作为一个整体并未被精确克隆。正因为如此，用量子态来传送信息是不用担心被窃听，因为窃听其实就是一种克隆信息的过程。量子态不可克隆性能确保信息传输的绝对安全。叠加性的另一个典型应用是量子计算。由于叠加性的各个分量之间互为正交（即互不干扰），各个分量的时间演化是同时的，而且也是完全独立的，这称为"量子并行性"。因此，当我们将信息编码在各个分量上时，通过操作这个叠加态，计算可以借助于量子并行性以指数加速的速度完成。后面的第八、九讲会进一步详述量子计算的这种优越性。

二、量子纠缠与 EPR 佯谬

　　按照物理学中的定义，以上描述的叠加态只是一个单态。对于多个物体组成的量子体系，要么它们处于多个单态的简单相乘（称为"直积"）；要么它们的量子态相互纠结在一起，无法表示成任何子系统的直积形式，这就是量子纠缠态。所以，量子纠缠态指的是两个或者两个以上的微观粒子所构成的复合体系的状态，针对其中任何子系统的测量都不能得到独立于其他子系统的测量参数。以两体纠缠态为例，我们把上节描述的叠加态 $|\varnothing\rangle = |\varnothing_1\rangle + |\varnothing_2\rangle$ 拓展到两个维度，即 $|\varnothing\rangle$ 与另一个维度的量子态 $|\Psi\rangle = |\Psi_1\rangle + |\Psi_2\rangle$ 关联在一起，我们得到这样一个量子态 $|\varnothing_1\rangle \otimes |\Psi_1\rangle + |\varnothing_2\rangle \otimes |\Psi_2\rangle$。我们发现这两个维度完全纠缠在一起，无法单独来描述：$|\varnothing_1\rangle$ 始终与 $|\Psi_1\rangle$

关联在一起;$|\varnothing_2\rangle|$ 始终与 $|\Psi_2\rangle$ 关联在一起。

　　量子纠缠是量子信息处理中的核心资源,在量子计算、量子通信和量子精密测量中都起着至关重要的作用,我们在下面章节要详述。同时,量子纠缠展现出的非定域性也是量子世界中最奇特的性质之一,直接导致了两位物理学大师爱因斯坦和玻尔在 20 世纪的旷日持久的争论。所谓"非定域性"是相对经典物理中的定域性而言的。在经典物理中,如果 A 和 B 之间没有相互作用,那么 A 和 B 所各自持有的物质的状态之间就不存在关联。我们对于 A 的操作或测量都不会影响 B,反之亦然,这就是定域性。但在量子物理中,即使 A 和 B 相距很远,但如果 A 和 B 之间存在如 $|\varnothing_1\rangle\otimes|\Psi_1\rangle$ ＋ $|\varnothing_2\rangle\otimes|\Psi_2\rangle$ 这样的纠缠态,那么对 A、B 中任何一个的操作或测量都会影响另一个,这就是非定域性。爱因斯坦对于非局域性极其反感,认为这会破坏物理世界的因果性。例如,我们测量得知 A 处在量子态 $|\varnothing_1\rangle$,那么 B 处的量子态瞬间就变成了 $|\Psi_1\rangle$,这显然与狭义相对论的结论相冲突,因为信息的传递速度不可能超过光速,所以任何信息都需要花费时间才能从空间的某一处传送到另一空间位置,哪有可能瞬间将 A 处的测量结果传递到 B 处? 爱因斯坦认为这一点是量子力学理论不完备的证据之一,并曾提出反例来质疑。1935 年,在这些争论的基础上,爱因斯坦与他的同事 Podolsky 和 Rose 共同提出了 Einstein-Podolsky-Rose 佯谬,简称 EPR 佯谬。其主要观点就是量子力学的理论不仅与已有的物理学定律不符,而且其自身就难以自圆其说,例如这个纠缠态的非定域性所带来的结果

与量子力学的不确定性原理也是矛盾的。因此,量子力学的背后应该还存在一个更为深刻的理论,即隐变量理论。

EPR 佯谬的提出虽然是旨在抨击量子力学的不完备性,但其最终效果却是反过来促进了量子力学的进一步发展。1964 年,爱尔兰物理学家贝尔(Bell)根据隐变量理论和定域实在论提出了著名的贝尔不等式,并预言量子力学的结论必定违背这个不等式。值得一提的是,贝尔多年供职于欧洲高能物理中心,做的是与加速器设计工程有关的工作,研究量子理论只是他的业余爱好。但正是这一业余研究却使贝尔留名青史。另外,贝尔心中的偶像是爱因斯坦。因

约翰·贝尔(1928—1990),爱尔兰物理学家,提出了贝尔不等式,提供了用实验在量子不确定性和定域实在性之间做出判决的准则。

此他当初所热衷的并非是哥本哈根的解释,而是隐变量理论。他针对量子论的所有努力都是企图将量子物理的图像搬回到经典理论的大厦中。不过,他万万没料到,他最终是帮了爱因斯坦的倒忙,反过来证明了量子力学的正确性!

按照贝尔的结论,如果遵循贝尔不等式的话,那就说明爱因斯坦的预言是对的,量子力学中的粒子应该满足定域实在论,虽然在微观世界中的量子现象有时候表现得行为诡异,那只不过是因为存在有尚未知道的隐变量而已。但如果不满足贝尔不等式,那就说明我们不需要隐变量的理论来解释量子现象,而哥本哈根的解释就有可能是对的。贝尔不等式中的几个关联函数都是在实验室中可以测量到的物理量。这样,贝尔不等式的出现为爱因斯坦—玻尔之争提供了一个实验上可操作的定量判据。

1982 年,法国的 Aspect 小组在实验上第一次利用贝尔不等式验证了量子力学的正确性,他们是利用钙原子辐射的纠缠光子观察到了违背贝尔不等式的现象,这是第一次清楚地显示出量子纠缠态的真实存在,也是贝尔所不希望看到的。但这进一步激发了人们对量子纠缠的研究兴趣和热情。其后各种物理系统和实验研究都证实,在量子体系中贝尔不等式总将被违背,量子力学是完备的,非定域性是量子世界的重要基本性质。由此,贝尔不等式被誉为"物理学中最重要的进展"之一。

随着量子非定域性被越来越多的实验所证实,玻尔所代表的哥本哈根学派逐渐成为量子力学的主流,对量子纠缠的质疑声也渐渐消失。不过，对量子纠缠的研究却从未停止。例如，如何定量地判断量子纠缠的大小就是一个尚未有定论的问题。对于两体纠缠态，我们已有定量判定纠缠度的定义和方法。但多于两体的体系中的纠缠态，我们目前却尚未有公认的定量判定纠缠度的定义和方法。另外，如何有效地制备纠缠态也是近年来的一个热门课题，它是量子工程的一个重要组成部分，是量子技术走向应用的前提条件。

三、量子测量与测不准原理

我们要探索量子世界，就必须观测量子态。但由于量子态的奇特性质，量子测量也就成了一个难以理解的问题。量子测量不同于经典物理中的测量，量子测量会对被测量的子系统产生影响，比如说针对以上讨论的叠加态 $|\emptyset\rangle = |\emptyset_1\rangle + |\emptyset_2\rangle$ 作测量，被测的量子系统的状态就会因此被改变：我们有 50% 的可能性测量得到 $|\emptyset_1\rangle$；另有 50% 的可能性测量得到 $|\emptyset_2\rangle$）。也就是说，量子测量导致了两种特殊现象：一是原有的量子态不复存在，二是多次测量处于相同状态的量子系统可能会得到完全不同的结果，这些结果符合一定的概率分布。量子测量一直是量子力学的核心问题。目前，相关主流观点仍然是依据哥本哈根学派的思想，认为量子测量不是独立于所观测的物理系统而单独存在的，相反，测量本身就是物理系统的一部分，因此，所作的测量会对系统的状态产生干扰。但这种观点一直饱受

争议，除了实验物理上的考量之外，还涉及一些哲学层面的争论。

对量子体系的测量还涉及一个更为奇特的原理，称为海森堡不确定性原理。这个原理由德国物理学家海森堡于1927年提出，它阐明了测量量子体系时的不确定性：一个微观粒子的某些物理量（如位置和动量，或者方位角与动量矩，或者时间和能量等），不可能同时具有确定的数值，其中一个量越确定，另一个量的不确定程度就越大。不确定性原理一经提出便引发了巨大的争议，与此相关的学术和哲学论战至今还在持续。爱因斯坦认为，不确定性原理显示出波函数并没有给出一个粒子的量子行为的完全描述，因此量子力学是不完备的。而玻尔则认为，不确定性原理展现的恰恰就是量子世界的真谛，因为描述一个微观粒子量子行为的基础是从波函数求得的概率分布，所以一个粒子只能拥有明确的位置或动量，而不能同时拥有两者。按照海森堡本人的解释，这种测量的不确定性来自测量造成的干扰。他并未否认量子力学中的粒子在任意时刻都有明确的位置和动量，只是我们无法通过测量同时知道位置和动量的准确数值。

海森堡不确定性原理是量子力学中的一个基本原理，这个事实现在已无人质疑。现在争论的焦点之一是与此原理相关的不确定关系，也就是不确定度的下限，这是与量子测量的精确程度密切相关的一个量。按照近年来的研究成果，如果我们采用一些特殊的手段，例如利用压缩的量子态或者纠缠的量子态，就有可能将不确定度减小，甚至在理论上有可能将下限降低至零。我们以上面提到的纠缠

态 $|\varnothing_1\rangle \otimes |\Psi_1\rangle + |\varnothing_2\rangle \otimes |\Psi_2\rangle$ 为例，如果我们用这些符号代表在 A 处和 B 处的粒子的动量，那么我们可以同时精确地测量出 A 处的动量和 B 处的位置，而由以上纠缠态可以精确地得知 B 处的动量。由此就达到了同时测量 B 处粒子的位置和动量的目的。但是，即便能这样做，我们是否能无限精准地测量量子态了呢？答案仍然是否定的。量子测量还会产生所谓投影噪声，导致测量结果的不确定，其根源是真空涨落。按照现代物理学的观点，真空并不是真的空无一物，而是充满了粒子对的产生和湮灭，即不断发生的涨落过程。这种真空涨落其实是一种相互作用的量子效应，与量子化的电磁场的波动性有关。我们对于量子态的测量不可避免地受到这个涨落过程的影响，因此，相对于经典测量，量子测量虽然更加精确，但是仍然无法达到零误差的测量效果。

四、脆弱的量子特性

随着量子技术在近年的飞速发展，我们已经进入了量子时代，"量子"这个专有名词也因此变得家喻户晓。但由于量子力学的高深莫测，物理专业以外的人士对于量子的概念和相关内容存在着大量的误读和误解。例如，我们打开淘宝的网页，在搜索一栏输入"量子产品"，便会出现众多的内容。商家将"量子"作为噱头，把寻常的物品前面冠以"量子"两字，便能赋予神奇的功用，由此将价格抬高。

其实，量子特性一般只显著地存在于微观世界。在我们生活的宏观世界，量子性质极其脆弱，只有在极其特殊的条件下，如超高真空、超低温，才能通过特殊设计的操作被观察到。正因为如此，量子特性目前不可能进入千家万户的日常生活，更不可能在普通人家里展现出神奇的效应。

为了理解这一点，我们还是以薛定谔猫为例，但对原有设计做一些修改。我们考虑一只宏观世界的猫被关在一个密封的盒子里，我们的问题是：这只猫有可能既站着又躺着吗？生活的常识告诉我们，即使我们不打开盒子也知道，这只猫要么站着，要么躺着，但绝不可能既站着又躺着。而量子力学却告诉我们，微观世界中，原子等基本粒子都具有叠加性等量子性质。但为什么由氢、氧、碳等原子组成的宏观物体（例如这只猫）却不再具有这些量子性质呢？答案是，量子态非常脆弱。有实验显示，在超低温下，单个微观粒子上的量子叠加态能够保持几微秒到几百微秒的时间，但随着粒子数目的增加，这个保持叠加态的时间就会急剧减小。当达到 1000 个粒子时，这个时间就减小到不足 1 纳秒。因此，对于由数千亿个原子组成的宏观系统，能够保持叠加态的时间几乎是零。科学家们认为，导致叠加态消失的原因来自外界的扰动。粒子数目增多，相互之间的干扰变大，因而叠加态很快消失；温度增高，热涨落效应增强，也会导致叠加态很快消失。所以，在宏观世界要能保持一个量子特性，需要超高真空、超低温的特殊实验环境，这就是目前难以实现量子

图 4.2　经典世界与量子世界的分界线

图中旗杆上指向左的旗帜上写的是"量子"；指向右的旗帜上写的是"经典"；墙上写的是"停！出示你的经典装置"。

技术实用化的主要原因。其实，为了实现大型的量子操控，我们往往还需要采取更多的措施，例如为量子体系加上屏蔽装备，以防止杂散的磁场或电场的干扰；选用特制的人工材料，将杂质或杂散的电子去除；利用一些特殊的物理性质，如拓扑性质、几何性质等，也能有效地抑制外界干扰。

　　也有观点认为，组成自然形成的宏观物体的分子、原子、电子等微观粒子在它们的环境中依然保持着量子特性，并不会因消相干被破坏掉。这是因为这些微观量子系统中存在着很强的内在相互作用，粒子之间的强耦合远远大于环境的干扰作用，由此，它们的存在和演化仍然遵从量子力学规律。

不过，无论我们怎样做，要想利用量子性质就不能完全避免对于量子体系的扰动，因此，科学家们经常处于一种尴尬的境地：不去测量一个量子态，人们无法得知量子态的具体状况；一旦作了测量，量子态便会受到扰动，量子性质由此消失。因此，量子理论中测量常常被称作"量子塌缩"，意思是说，量子态在测量过程中塌缩成为一个经典态。图 4.2 中的漫画便反映了这种进退两难的处境：我们无法精确判定量子世界与经典世界的边界。即使我们猜出来这个边界线在哪里，一旦我们试图查看那只既站着又躺着的量子猫时，我们会发现边界线瞬间由大树的前面移到了大树的后面，量子猫瞬间变成了一只要么站在树上，要么躺在树下的经典猫。

私语万里远——走向实用的
量子信息技术

量子通信的绝对安全性来源于纠缠态作为通信信道。但量子态无法在实验室以外长时间保持,怎么办?当前广为人知的量子通信网络或技术并非基于纠缠态,而是基于单光子,这是怎么做到的?

一、量子比特与量子逻辑门

大家熟知的通信和信息理论都是使用二进制,每一位有 0 和 1 两种状态。我们日常使用的十进制转化为二进制时所除的 2 就是它的基数,例如,十进制 $5=2^2+2^0$,这样用二进制写出来就是 101。信息的最小单位是一个比特, N 比特的信息量可以表现出 2 的 N 次方

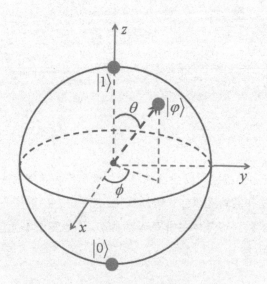

图 5.1　布洛赫球

态 |0⟩ 和 |1⟩ 分别对应布洛赫球面的南极和北极,
任意量子态 |φ⟩ 则对应球面上任意一点。 x、 y、 z
为直角坐标系的 3 个分量, θ、Ø 为极坐标系的
2 个分量。

种选择。要处理更多的信息就需要更多的比特。

过去的半个世纪以来，随着集成电路技术的发展，二极管、三极管等电子元器件的尺寸越来越小。因此，虽然我们的电子设备在处理信息的能力方面越来越强，所用的电子元器件越来越多，但设备的总尺寸却越来越小。不过，如果电子元器件的尺寸进一步减小，小到纳米的尺度，量子效应将会在器件上显示出来。这时，我们面对的微型化设备是由叠加态、纠缠态等量子态的二进制体系构成，比特也就自然地成了量子比特，也就是说，一个量子比特的信息不仅可以编码在 0 和 1 两种状态，还能编码在 0 和 1 两种状态的任意叠加态上。

我们可以通过图 5.1 的布洛赫球来理解量子比特与比特的差别。布洛赫球是物理学家菲力·布洛赫发明的用来理解量子力学中双态系统所形成的纯态空间的一种几何表示法。球的南北极所对应的矢量 $|0\rangle$ 和 $|1\rangle$ 表示的就是比特的 0 和 1 两种状态；球面上的其他矢量对应的就是 0 和 1 两种状态的叠加态。我们用 $|\varphi\rangle = \alpha|0\rangle + \beta|1\rangle$ 来表示这些叠加态，其中 α 和 β 均为复数，与图中的 θ、$\emptyset$ 有关，并且满足 $|\alpha|^2 + |\beta|^2 = 1$ 的条件。由于 α 和 β 都是连续变化的数，所以这些叠加态的数目是无穷无尽的。因为这个叠加的性质，量子比特所承载的信息容量与比特相比是呈指数级的增加：N 个量子比特所编码的信息相当于 2^N 个比特所编码的信息。我们以三个量子比特为例：

$$|\varphi\rangle = (\alpha_1|0\rangle + \beta_1|1\rangle) \cdot (\alpha_2|0\rangle + \beta_2|1\rangle) \cdot (\alpha_3|0\rangle + \beta_3|1\rangle)$$
$$= \alpha_1\alpha_2\alpha_3|000\rangle + \alpha_1\alpha_2\beta_3|001\rangle + \alpha_1\beta_2\alpha_3|010\rangle + \beta_1\alpha_2\alpha_3|100\rangle +$$
$$\beta_1\alpha_2\beta_3|101\rangle + \beta_1\beta_2\alpha_3|110\rangle + \alpha_1\beta_2\beta_3|011\rangle + \beta_1\beta_2\beta_3|111\rangle$$

　　一共有 8 个态处于叠加状态, 这相当于 2^3 个比特所编码的信息。按照这种方式算来, 45 个量子比特所承载的信息相当于 2^{45} 个比特, 也就是大概 4 个 TB 的硬盘! 也就是 4000G 或者 4000000M 的数据量, 而一部高清蓝光电影的数据量大概是 10G, 一本书大概是 5M 的数据量。另外, 美国国会图书馆的所有藏书总容量大概为 160TB, 这只是 50 个量子比特所编码的信息量; 曾有人估算过, 2007 年人类所拥有的信息量总和为 2.2×10^9TB, 仅相当于 71 个量子比特的信息存储容量。

　　要将信息储存到量子比特, 我们需要用量子逻辑门来操控量子比特。量子逻辑门分为单量子比特门和多量子比特门。与操纵比特的传统逻辑门的不同之处在于, 每个量子门对应的数学不再是简单的代数, 而是矩阵表示, 这是由量子态的叠加性导致的。常用的单量子比特门包括量子非门和 Hadamard 门。量子非门的作用是把量子比特的两个计算基态 0 和 1 互换, 即把状态 $\alpha|0\rangle + \beta|1\rangle$ 变为新状态 $\alpha|1\rangle + \beta|0\rangle$。Hadamard 门的作用是把两个计算基态 0 和 1 分别变换到叠加状态 $\frac{1}{\sqrt{2}}(|0\rangle - |1\rangle)$ 和 $\frac{1}{\sqrt{2}}(|0\rangle + |1\rangle)$。在下面要详述的量子通信和量子计算中, Hadamard 门都起着非常重要的作用。典型的多量子比特门有好几种, 最基本的是两量子比特的受控非门。这个逻辑门有两个点输入量子比特, 分别是控制量子比特和目标量子比特。它的作用是当控制量子比特为 1 时使目标量子比特翻转, 而当控制量子比特为 0 时两个量子比特都保持不变。

　　量子信息的理论已证明, 任意的多量子比特门都可由两量子比特的受控非门和单量子比特门的巧妙组合而构造成功。因此，只要能设计好这两种逻辑门操作，任意多的量子比特所组成的量子体系都能被完全操控。

二、由量子态的直接传送到非直接传送

很多人都听说过"京沪量子通信干线"，这是一条连接北京、上海，贯穿济南和合肥，全长 2000 余公里的用于量子通信的网络。而2019 年发射升空的"墨子号"卫星更是将量子通信推向了新的高潮。

简单地讲，量子通信就是基于量子信息的原理，借助量子态来传输信息。相比传统的信息传输，量子态传输信息的优势体现在以下几个方面：由于叠加态的性质，量子态能够承载更多的信息；由于量子态的不可克隆性，量子态能够更安全地传输信息；由于纠缠态的奇异性质，基于纠缠态的量子信道在功能上完全不同于经典信道。

最直接的量子通信方式是将量子态传送给对方。例如，利用多个光子，用每个光子的偏振态来编码信息，通过光纤传送这些光子。如果传输的信道安全，这些光子能够把超出经典信道承载容量的信息传输到指定位置。但如果信息传输的过程中，其中的部分光子被窃听者探测，"量子塌缩"随即发生，接受方由此能够察觉，因此这些信息随即作废。这种方式的优点是绝对安全，但弱点是效率极低。

以目前的技术，光子在光纤中的传输损耗极大，而且受到的噪声干扰也很大，因此，光子在长距离传输过程中能够保住量子态的难度极大。

如果我们利用纠缠态作为信息的传输通道，则会见证极为奇异的信息传输方式。这种基于纠缠态的量子信道可以由发送方 A 和接收方 B 各持一组纠缠的微观粒子构成，信息传输的原理是利用 A 和 B 之间量子态关联的性质，只有当 A 手上的粒子的状态确定了，B 手上的粒子的状态才能确定。因此，A 可以通过测量手中的纠缠态一端来传送信息给 B。我们以著名的"量子隐形传态"方案为例来描述这种量子通信方式的神奇之处。所谓"量子隐形传态"指的是脱离实物的一种完全的量子信息传送，其核心是发送方 A 和接收方 B 之间的基于纠缠态的量子信道。其基本思想是：A 将原物的信息分成经典信息和量子信息两部分，分别经由经典信道和量子信道传送给 B。经典信息是 A 对原物进行某种测量而获得的，然后通过广播、电话等经典信道将其所做的测量操作的信息告诉 B ；量子信息则是由 A 对纠缠态一端的操作而传送，这是 A 在测量中未提取的信息；B 在获得这两种信息后，就可以制备出原物量子态的完全复制品。请注意，该过程中传送的仅仅是原物的量子态，而不是原物本身。发送者甚至可以对这个要传送的量子态一无所知，其告诉接收者的仅仅是他所做的测量操作。在接收方复原的信息是在 B 所持的粒子上产生，而整个过程中，A 和 B 所持的粒子都未移动位置，因此，即使经典信道的信息被窃听，窃听者也无法获得 AB 间传送的信息。

1997 年，这个量子隐形传态的方案在奥地利的因斯布鲁克大学的实验室第一次被验证，随后，在更远的传输距离上也获得了成功。但是，由于存在各种不可避免的环境噪声，量子纠缠态的品质会随着传送距离的增加而变得越来越差。因此，如何提纯高品质的量子纠缠态是目前量子通信研究中的重要课题。

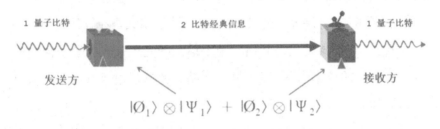

图 5.2　量子隐形传态原理图

基于量子纠缠态形成的量子通信，发送方通过发送 2 比特的经典信息，将 1 量子比特的信息传输到了接收方。

　　这里我们再次强调，量子通信传送的只是信息，并非实物。它是基于量子力学原理的科学方法，并非神话中的"无中生有"或者"远距传物"。另外，这种信息传输并非以爱因斯坦所担心的超过光速的方式瞬时发生，而是在测量和经典信息传送等辅助措施下完成，因此并不违背因果律。量子通信不仅让人们认识到自然界的神奇规律，而且也相信可以用量子态作为信息载体，通过量子态的传送完成大容量信息的传输，实现原则上不可破译的量子保密通信。

三、量子密钥分发与走向实用的量子通信

上节提到，基于目前的技术水平，真正意义上的量子通信仍然难以在实验室之外得到广泛应用。那么，目前热度很高的"京沪量子通信干线"和开展地空通信的"墨子号"卫星又是在做什么呢？

其实，它们做的只是利用一个个单独的光子来完成量子密钥分发。以目前的技术水平，基于量子纠缠态的量子通信信道无法承担日常大量数据传输任务，而光子在光纤中的传输损耗又极大，因此，用光子作为信息载体只是用来传送对称密码系统中的密钥。量子密

克劳德·香农（1916—2001），美国数学家，信息论创始人，提出了信息熵的概念，建立了符号逻辑和开关理论，为信息论和数字通信奠定了基础。

钥分配技术是量子通信目前唯一正在走向实用的部分。

密钥体系分为私密密钥体制和公开密钥体制。量子通信中用到的是私密密钥。早在 20 世纪 40 年代，著名的数学家香农采用信息论证明了所谓"一次一密"的加密方式，即密钥长度与明文长度一样长，而且用过后不再重复使用，则这种密文是绝对无法破译的。但这种密钥的使用消耗巨大，需要传受双方不断地更新密码本，而"密码本"的频繁传送（即密钥分配）更是增加了不安全的因素。因此实施"一次一密"的加密方式并非现实可行。那么量子密钥分配是否有安全保障呢？

量子密钥分配的安全性是基于量子力学的不可克隆性、测量的不确定性等特性，可以确保任何窃取传送中的密钥的行为都会被合法用户所发现。而且运用量子的方法，我们无须保存密码本，只是在传受双方需要实施保密通信时，实时地进行量子密钥分配，实现以上所说的"一次一密"的密钥的安全性。目前通用的量子密钥分发是以一个个单独的光子作为载体，通过收发双方随机地测量这些光子，选取共同测量方式的那些测量结果，就会形成一组量子密钥。如果中间有人窃听，收发双方的测量错误会瞬间上升，马上就会察觉有窃听的存在。所以一组成功生成的量子密钥在原理上是排除了一切窃听的绝对安全的密钥，用它加密的信息也是不可破译的。量子密钥分配技术只能提供密钥的交换和配送，当通信双方取得了一致的密钥后把明文加密，然后把密文再通过传统通信网络传送（如图 5.3 所示）。因此，目前媒体上报道的量子保密通信实际上包括了

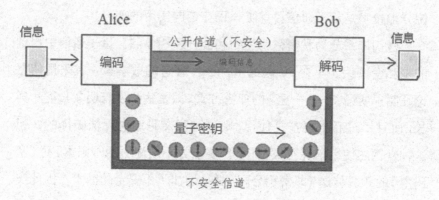

图 5.3　量子密钥分配示意图

信息在 Alice 和 Bob 之间通过公开信道传送，与此同时，量子密钥在实时地监控着信道是否被窃听。

两部分：由量子密钥分配技术生成的安全密码和"一次一密"经典通信，其本质仍然是经典通信。

　　保密通信的安全性同时受到两个因素制约：密钥的安全性和"一次一密"的真实性。量子密码在理想状态下可以确保密钥的安全性，但实际上，量子密码系统绝对达不到理想状态，例如单光子探测效率不是百分之百，传送单光子会有损耗并受制于其他各种非理想条件，这些都可能被窃听者用来窃取密钥，却不会被合法用户发现。不过，科学家通过各种辅助的加密方式，如诱骗态量子密码方案等，正在不断提高这种基于量子密钥分配的通信方式的安全性。另外，目前这种基于量子密钥分配的通信方式并非真正意义上的量子通信，它没有用到量子纠缠，也没有避免信息在经典信道中的真正传送。因此，它也不可能做到绝对安全。

　　相比之下，基于量子纠缠的量子通信在原理上是绝对安全的。国际上许多研究小组都在致力于保持量子态的研究，例如，提出了一系列量子纠缠态纯化的理论方案，即将受损的量子态通过提纯的方式来修补，保证其量子特性维持在合理的水平上。一旦在量子纠缠态纯化方面实现了技术突破，人类就将从原则上解决远距离量子通信中的根本问题。

　　总之，量子通信是经典信息论和量子力学相结合的一门新兴交叉学科，具有保密性强、大容量、远距离传输等特点。随着量子技术的不断进步，量子通信将不仅在军事、国防等领域发挥重要的作用，而且也会极大地促进国民经济的发展。自 1993 年以来，美国、欧盟、日本都在集中力量致力于量子通信的研究。我国也不例外，近年来，以中国科技大学为首的研究团队在基础研究、应用平台开发和探索商业化推广等方面都取得了长足的进步，使我国在量子信息产业化竞争中正走在国际第一方阵之中。

　　最后再补充说明两点。关于量子密钥的安全问题，物理学家至今提出了若干量子密码协议，并从信息论证明，这类协议是绝对安全的。但实践表明，任何真实的物理体系都存在着各种各样的物理漏洞，无法达到量子密码协议所需求的理想条件，因此，在实际应用中仍没有实现量子密码的绝对安全使用。但各种研究结果表明，这种相对安全的量子密码是可以放心地使用，因为它们可以抵抗现有所有手段的攻击。这可以理解为矛与盾的关系，如果攻击手段提升了，量子密码协议也需要做相应的升级。

另外，上面谈到的量子密码仅仅是在私密密码体系。另有一种密码体系是基于美国斯坦福大学的两名学者迪菲和赫尔曼提出的公开密钥密码体制，其核心思想是使用不同的加密密钥与解密密钥，加密密钥（即公开密钥）是公开的信息，而解密密钥（即秘密密钥）是需要保密的。加密算法和解密算法也都是公开的。虽然秘密密钥是由公开密钥决定的，但却不能根据公开密钥计算出秘密密钥。基于这个理论，目前已有更方便、更强大的算法来处理密钥问题。但无论怎样，这种密钥分配方案是有漏洞的，只能靠不断升级系统和打补丁来防范新的威胁。更何况，这种公开密钥密码体制可以被量子算法轻易攻破，后面要介绍的量子计算机就与此有关。

—— 第六讲 ——

毫发分亿兆——驱动科学
进步的精密测量

更好的测量手段能让我们看到前人从未看到的地方。现代科学的诞生一直是和精密测量的艺术紧密联系在一起。但精密测量的极限在哪里？引入了量子元素的精密测量可能做到绝对精准无误吗？

一、基本物理量计量基准的量子化

每年的 5 月 20 日是"世界计量日"。自从人类有商品交换以来，计量标准就是一个绕不开的话题，因为没有计量的标准就无法保证公平交易。在我国古代，"计量"被称为"度量衡"。从"迈步定亩""掬手为升"到"国际千克原器"，人类的计量单位度过了以物理实物作为基准的漫长时期。在国际社会统一计量标准之前，各国使用的是各自的标准。例如，英美等国使用的长度单位是英寸、英尺，重量单位是盎司，容积单位是加仑。而我国古代一直用于称重的的计量单位是"斗""石"，容量单位是"斛"。

到了近代社会，计量对工业生产的作用和意义日趋明显，而且计量本身就是现代科学技术的一个重要组成部分。为了交流交往的便利，国际社会就统一计量标准达成了一致。按照物理学的原理，各个物理量之间通过描述自然规律的方程或通过定义新的物理量而相互联系。但存在少数几个物理量，它们相互独立，可作为基本物理量来定义其他的物理量。1960 年 10 月召开的第 11 届国际计量大会上制定的国际单位制中规定了 7 个基本物理量的计量基准，这7 个基本物理量分别是长度、质量、时间、电流、热力学温度、物质的量和发光强度，对应的单位分别是长度（米）、时间（秒）、质量（公斤）、热力学温度（开尔文）、电流（安培）、物质量（摩尔）、发光强度

(坎德拉)。这些计量基准最初都是由实物来表达,例如,千克的最初定义是 4 摄氏度时 1 立方分米水的质量,以一块保存在国际计量局的铂铱合金圆柱体为实物基准,即"国际千克原器",代表 1 千克的质量。各个国家的质量基准需要定期到国际计量局与这个原器做比对和校准,以保证各国质量单位的准确性。这个定义最初是在 1889 年的第 1 届国际计量大会上达成,然后在 1901 年的第 3 届国际计量大会再次确认。

但是,这些作为基准的实物会随时间推移或环境的改变而发生变化。比如这个国际千克原器,虽然它是用 19 世纪末 20 世纪初工业界所能提供的最好的材料及工艺制成,但时间久了还是会因为一些不易控制的物理或化学变化,导致其保存的量值有所改变。据国际计量局的数据显示,近百年来各国保存的质量基准与国际千克原器的差别一度达到了 0.05 毫克。鉴于此,科学界一直希望建立一个不依赖于物理实物的测量体系。20 世纪以来,随着量子技术的发展,人类对自然界的基本物理量或常数的测量准确度得到了极大的提高,而且也发现这些常数比实物更加稳定,不会发生变化。如果将计量单位与物理常数联系起来,就能以量子物理为基础的自然基准取代实物基准。这样不仅不会再有实物损耗的担心,而且准确度也能大幅提高。

1967 年,时间基准率先完成量子化变革,以铯 –133 原子超精细能级的跃迁频率来定义秒:铯 –133 原子"振动"9192631770 次的时间周期为 1 秒。重新定义后的秒,比以前的测量精度提升了上千万

图 6.1　国际千克原器

由含铂 90%、铱 10% 的合金制成，用三层玻璃罩好，
最外一层玻璃罩里抽成半真空，以防空气和杂质进入。

倍。然后是重新定义米，其新定义为光在真空中行进 1/299792458
秒（接近三亿分之一秒）的距离，由此，作为实物基准的米尺被光速
这样的自然常数所取代。这个定义是在精确测定光速，并定义真空
中光速为常数 299792458 米 / 秒的基础上做出的。

　　国际千克原器是最后一个退出历史舞台的实物基准。千克的

新定义根据质量与能量的关系来确定，以量子力学中用于计算光子能量的普朗克常数作为新标准。2018 年 11 月 16 日举行的第 26 届国际计量大会通过决议，千克、安培、开尔文和摩尔等 4 个国际单位制，分别改由普朗克常数、基本电荷常数、玻尔兹曼常数和阿伏伽德罗常数来定义，并于 2019 年的国际计量日正式生效。自此，国际单位制的 7 个计量单位，均实现量子化定义，实物基准被自然常数所取代。

国际单位制的新定义生效后，只会影响到对测量准确度要求比较高的专业计量机构和科学实验室，对普通人的日常生活并无影响。尤其值得一提的是，量子化计量时代的到来，让中国有了赶超国际的机会。虽然从整体来看，我国的计量基础技术和设施还比较薄弱，但在这次国际计量单位制的量子化变革中，我国对温度、质量的重新定义也作出了重要贡献。

二、精密测量的极限在哪里

"更好的测量手段，让我们看到前人从未看到的地方。一次又一次，那些看起来在实验和理论间的一点点差别，却带来了基础认识上的重大进步。现代科学的诞生，就是和精密测量的艺术紧密联系在一起的。"这一段掷地有声的发言来自 2005 年 12 月 8 日 T.W.Hänsch 教授在诺贝尔物理学奖颁奖典礼上的演讲。这是又一次印证了精密测量对于科学进步的重要推动作用。

上节提到的国际单位制的计量单位均实现了量子化定义，这意味着测量的量子化时代已经到来。那么，从量子的角度重新考察精密测量，测量的手段和精度会有哪些不同呢？

在专业术语中，量子精密测量常常被称作量子度量，有时也俗称为量子传感。量子精密测量同前面章节提到的量子计算机和量子通信一样，都是量子力学与信息论结合的产物。因此，利用量子性质的奇异特性是量子精密测量的核心内容，也是量子精密测量在精准度和灵敏度等方面优于传统的精密测量的主要原因。但是，量子精密测量的研究更多地聚焦于测量的精度和灵敏度，根据具体的测量任务，可以在一个量子比特上完成，也可以在多个量子比特上完成。因此，相比量子计算机和量子通信，量子精密测量的应用技术可能相对要简单、应用前景也更加清晰。从科学的角度看，量子精密测量是引入量子的新思想来做更高精度的测量，追求的是通过新的技术手段来发现新的效应，最终达到测量的极限。这是科学和技术发展的必然趋势。

在单个原子的层次上作精密测量，测量的极限与观测中受到的噪声有关。噪声来自探测到的光子的涨落，其对应的专业名词叫作"散粒噪声"，这是 20 世纪初科学家研究此类噪声时用子弹射入靶子时所产生的噪声来类比而命名。散粒噪声是针对很少的粒子数目作测量时，可观测到的影响数据读取的统计涨落。在量子层次上的测量，量子化的电磁场的能量涨落会明显地影响测量结果，因此，散粒噪声在量子精密测量中被认为是一种量子噪声，它导致了在单个量子层次的测量极限，称为标准量子极限。想要使测量精度达到标准量子极限，最直接的做法是增加测量的次数。根据数学上的中心极限定理，我们知道，重复 N 次（N 远大于 1）独立的测量，其测量的结果满足正态分布，而其测量的误差就可以达到单次测量的 $1/N^{1/2}$。因此，测量精度相比单次测量就提高了 $N^{1/2}$ 倍。通过这样的多次测量，我们的测量精度有可能接近标准量子极限。

但想要突破标准量子极限实现更为精准的测量，我们需要采用一些更为特殊的方法。从物理原理上看，利用一些特别的量子态，例如压缩态、纠缠态等便可以获得超越标准量子极限的精度。前段时间轰动世界的引力波探测器–LIGO 就是利用了压缩态的性质来提高激光的干涉灵敏度，从而探测到来自遥远天边的微弱的引力波。但即使这样，要想达到零误差的测量精度仍然是不可能的。量子场的涨落无处不在，即使在真空中，仍然存在真空涨落。这是缘于量子力学的一条基本原理，即空间中总是充满了波动的能量，而这种噪声的强度受量子力学中海森堡不确定性原理的限制。因此，人们把这个极限称为"海森堡测量极限"。这是大自然给人类的一个限制，让人类的测量永远无法达到完美无缺的程度。由此，从事精密测量研究的科学家都在苦其心志，劳其筋骨，力求将测量的精度逼近"海森堡测量极限"。科学界目前的共识是采用处于纠缠态的探测方式，有可能进一步抑制测量的散粒噪声，将测量精度进一步提高 $N^{1/2}$ 倍，即达到 N^{-1}。这样我们的测量精度就能接近海森堡测量极限。

三、测量技术的未来——量子传感

精密测量在科学技术上的应用，概括起来不外乎这么几点：(1)基本物理定律的高精度验证，例如验证爱因斯坦的广义相对论的基础——等效原理；(2)基本物理常数的高精度测量，例如原子物理中的精细结构常数；(3)突破测量极限的新方法和新技术的实现，例如研制高精度的光学时钟。这三点其实是相辅相成的。前两者虽然属于基础科学的范畴，但对基本物理定律和基本物理常数的高精度校正无疑是对人类技术能力的巨大挑战；后者虽然更多地具有应用的属性，但新的方法和技术能够帮助人类探索和理解更多的科学问题。例如，科学家研制的验证等效原理的冷原子重力仪也能用来探测矿产资源和军事侦察；美国科学家曾经用他们研制的两台高精度光学时钟在相距 1 米的高度上探测到了时间的差异，这是对广义相对论中引力时间膨胀假说的一个直截了当的验证。

精密测量技术的量子化进程无疑是要追求更高灵敏度、更高精度的测量和更高分辨率的谱线以及更趋近于测量极限的观测。作为举例，我们在本节中简要地介绍一下量子精密测量的一个直接应用——量子传感。按照书本上的定义，传感器是一种检测装置，能感受到被测量的信息，并能将检测感受到的信息，按一定规律变换成为电信号或其他所需形式的信息输出，以满足信息的传输、处理、存储、显示、记录和控制等要求。从发展历史来看，传感器已由机电型发展到了光机电型。随着量子技术逐步走向成熟，量子化技术将引领下一代传感器的发展，量子传感代表着未来测量的发展方向！

　　量子传感器利用的是量子系统对某些外部扰动的极度敏感来探测外部扰动，或者是利用量子系统对某些外部扰动的极度不敏感来作稳定测量。能成为量子传感器的候选物理装置至少应具备以下性质：初始状态有分离的量子态；能长时间保持量子信息；可完成量子逻辑操作；能高效地被读出信息；操作的准确性高。这些与量子计算机的基本要求类似。目前已经商品化的量子传感设备有原子钟、原子气体磁力仪和超导量子干涉仪。原子钟和磁力仪都是利用某些量子态的长寿命和极其稳定的能级跃迁频率来实现高精度的测量；而干涉仪是利用对扰动极其敏感的量子叠加态所产生的干涉条纹来高灵敏度地测量力的变化。已有实验表明，基于纠缠态的量子精

原子钟　　　　　原子气体磁力仪　　　　超导量子干涉仪

图 6.2　目前已经商品化的三种典型的量子传感设备

密测量能够使人类的测量能力逼近海森堡极限。但是，由于纠缠特性的脆弱性，纠缠态目前仍然难以在实验室以外的环境下长时间地保持，因此，目前在任何商品化的量子传感器中尚未利用到纠缠的特性。

总之，量子传感设备不仅可用于精密探测磁场、电场、重力和用于定位导航等实际应用，也能用于研究基础科学问题。除了以上所举的例子，基于冷原子（冷离子）的纳米探针可以对微尺度的表面形态、摩擦力和能量变化做精密测量，也可以在可见光的波长尺度以下做高精度的观测。基于金刚石晶体的色心材料可以在室温下精密探测磁场、电场，甚至温度的变化，其灵敏度远高于现有的商品化检测设备。尤其值得一提的是，中国科学家在这方面正迎头赶上国际先进水平，在某些设备的研制方面正处于国际的第一方阵中。

先进的测量技术和精密仪器是科学发现的工具和技术创新的种子，是历史上许多具有划时代意义的科技成果产生的前提基础。可以确信，这场测量技术的量子化革命将深化我们对科学认知，也将推动人类的技术进步，更好地服务于国计民生。

—— 第七讲 ——

百秒顶亿年——量子计算机的制造

　　量子计算机代表的是一项颠覆性的未来技术，不仅会改变长期统治人类计算方式的图灵模式，而且会提升人类对量子世界的认知水平。研制量子计算机既是显示一个国家高科技实力的科技问题，也是关系到一个国家信息安全的政治问题。

一、量子计算机简史

近年来，量子计算机逐渐成了一个热门的话题。不过由于量子力学对普通百姓来说非常艰涩难懂，以至于很多人把量子计算机想象得十分神秘。量子计算机与我们平时用的计算机有什么不同？它到底有什么强大的功能呢？

量子计算机是利用量子态的受控演化实现数据的计算和存储的一种全新概念的计算设备，是一项颠覆性的未来技术。建造量子计算机的技术要求极富挑战性，需要精准操控成百上千个量子比特，需要较长时间地保持系统的量子特性，也需要量子体系与经典体系的完美协作。由于量子比特可以处在叠加态，而非像传统计算机那样只能处于 0 或 1 的二进制状态，量子计算机可同时处理多个量子态，这称为"量子并行"。因此，量子计算机的数据处理能力远高于传统计算机。理论上，现时最快的超级计算机需要花 10 亿年处理的极端复杂的运算，中等规模的量子计算机只需 1 分钟即可完成。

量子计算机的发展历程有两条主线。一条来自工业界过去几十年来在集成电路工艺上形成的"摩尔定律"，即电子元器件的尺寸一直按照每 18 个月缩小一半的速度持续减小，从而使计算机的性能（如计算速度、存储密度等）每 18 个月提高一倍。目前先进集成电路的特征尺寸已经降到了数个纳米的量级，这个趋势还在继续着，终将会要降到原子的大小。于是就出现了一个新的问题，在原子的尺度上遵循的是全新的量子力学规律，而非传统的物理定律。此时，传统计算机将达到它的"物理极限"，此后人类建造的计算机都将是基于量子力学规律运行的设备。

另一条主线来自学术界。我们现在使用的计算机（简称"经典计算机"或"传统计算机"）来自计算机理论的先驱者，英国数学家

艾伦·图灵（1912—1954），英国数学家、逻辑学家，提出了著名的图灵机模型，为现代计算机的逻辑工作方式奠定了基础；对人工智能的发展有诸多贡献，提出的图灵试验（一种用于判定机器是否具有智能的试验方法）至今每年都有比赛；第二次世界大战时破解了德国的著名密码系统 Enigma，被称为计算机科学之父、人工智能之父。

阿伦·图灵（Alan Turing）的思想。图灵于 1936 年为计算的机器建立了一个简洁却深刻的数学模型——图灵机。后来，人们又发明了各种各样的计算模型，但发现这些计算模型所能计算的问题都能够在图灵机上计算。不过，自 20 世纪 60、70 年代起，一些极具创新精神的科学家们开始重新思考计算的本质，探讨信息与能量之间的关系等问题。沿着这个思路，陆续出现了基于量子力学的信息处理方面的研究成果。1981 年，著名物理学家理查德·费曼第一次提出"量子计算"这一概念，他认为，随着当前半导体的小型化遇到极限，当芯片的电路元件尺寸缩小到纳米尺度时，量子力学效应会终结当前的摩尔定律。接着，他在一个著名的演讲中提出，利用量子系统所构成的计算机来模拟量子现象可以大幅减少运算时间。这就是"量子计算机"这一概念的诞生。

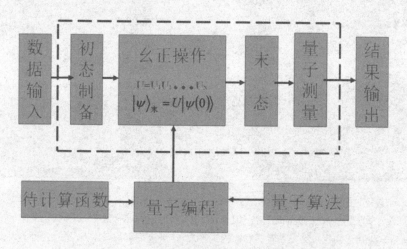

图 7.1　量子计算机运行原理的框图

要理解量子计算机,最简单直接的方式是通过所谓"量子图灵机"模型,即量子电路模型。量子计算机与经典计算机一样,用于解决某种数学问题,因此它的输入数据和结果输出都是普通的数据。但区别在于处理数据的方法本质上不同。量子计算机将经典数据制备在计算机系统的初始量子态上,经由量子操作(即幺正操作)变成计算系统的末态,对末态实施量子测量,便输出运算结果。图 7.1 中虚框内的操作都是按照量子力学规律来运行,由于量子态对外部环境的极度敏感性,在这一段操作过程中人类不能调试或观测计算机中的量子态,而且还需要以较快的速度完成计算。图中的幺正操作是信息处理的核心,如何确定幺正操作呢? 首先选择适合于待求解问题的量子算法,然后将该算法按照量子编程的原则转换为控制量子芯片中量子比特的指令程序,从而实现了幺正操作的功能。

由此可见,一台量子计算机至少包括了以下关键技术部件: (1) 核心芯片,包括量子芯片及其制备技术; (2) 量子控制,包括量子功能器件、量子计算机控制系统和量子测控技术等; (3) 量子软件,包括量子算法、量子开发环境和量子操作系统等。最近有不少文献在探讨量子云服务,即面向用户的量子计算机云服务平台。这是将量子计算机与因特网这两个概念的结合,也可称为量子因特网。

量子计算机变成热门的话题则始于 1994 年在美国贝尔实验室工作的数学家 Peter Shor 提出的质因子分解的量子算法。这个算法可以迅速破解现行的银行及网络等处的 RSA 加密算法,这意味着

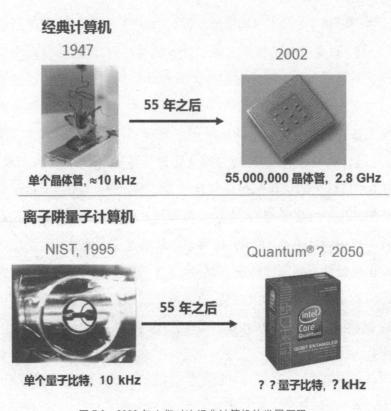

图 7.2　2002 年人们对比经典计算机的发展历程，
乐观地预计量子计算机会如何发展

以大数因式分解算法为依据的电子银行、网络等领域的密码体系在
量子计算机面前不堪一击；随后，Grover 提出"量子搜寻算法"，可
以破译 DES（数据加密标准）密码体系。各国政府开始意识到量子
计算机与国家安全息息相关，于是纷纷投入大量的资金和科研力量
进行量子计算机的研究。

　　1995年,美国国家标准技术研究所(NIST)的科学家在离子阱中第一次演示了量子逻辑门操作。2001年,科学家在具有15个量子位的核磁共振量子计算机上成功利用Shor算法对15进行了因式分解。2007年2月,加拿大D-Wave系统公司宣布研制成功16位量子比特的超导量子计算机,但其作用仅限于解决一些最优化问题,与科学界公认的能运行各种量子算法的量子计算机有较大区别。2009年,耶鲁大学的科学家制造了首个固态量子处理器。同年,世界首台可编程的通用量子计算机正式在美国诞生。

图 7.3　商用量子计算机 D-Wave One

　　迄今为止,世界上还没有研制出真正意义上的量子计算机。但是,世界各地的许多实验室正在以巨大的热情追寻着这个梦想。实现量子计算机的方案不少，但问题是对微观量子态的精准、快捷的操纵确实太难了，因此目前很难说哪一种方案更有前景。2011 年加拿大 D-Wave 系统公司推出了首台商用量子计算机 D-Wave One。这台计算机采用了 128 个量子比特的处理器，其理论上的指令周期远远超越了任何现有的超级计算机，不过它只能处理经过优化的特定任务，在执行通用任务方面还比不了传统计算机。另外，D-Wave One 采用液氦散热，需要在接近绝对零度的低温下工作，这显然不是一件能进入千家万户的普通商品。所以 D-Wave One 只是商用量子计算机的雏形，未来还有很长的道路要走。

必须强调一点，人们研究量子计算机的初衷之一是探索通用计算机的计算极限；随后的研究高潮是因为量子计算机在破解密码方面的优势可能会威胁到国家安全。但从更高的层次上看，研究量子计算机的目的并不是要用它来取代现有的计算机。量子计算机使计算的概念焕然一新，其作用应该远不止是解决一些经典计算机无法解决的问题。量子计算机的研制让人类有可能抛弃统治计算机行业几十年的"图灵机"的思维定式，重新思考计算的本质，在更广阔的空间去探索新的计算方法。例如，基于量子特性提出的单向量子计算、拓扑量子计算和绝热量子计算等新型计算概念就完全超出了量子图灵机的模式，这将加深人类对自然规律的认识，也将极大地提高人类的工程技术水平。当然，这些对未来预期的实现还有相当长的路要走。

二、量子算法为何有强大的功能

上节提到，Shor 提出的量子算法能够破解现有的密码体系，威胁到国家安全。那么，为什么量子算法如此强大？简单地讲，量子算法利用了量子态的叠加性和测量的量子塌缩性质。前者使量子计算机具备并行计算的能力；后者可以让计算的空间迅速变小，减小了计算的复杂度。许多计算问题其实都对应着不同的解，我们解题的过程需要遍历搜索每一个解，去一一查看才知道哪一个是正确答案。为了提高计算的效率，目前的方式是将多台计算机相连，同时使用多个处理器进行并行搜索，这样可以大大加快运算速度。而量子态的叠加性使得一台量子计算机就具备这种并行搜索能力。

我们以 Shor 算法为例来进一步解释。RSA 是目前最有影响力和最常用的公钥加密算法，它能够抵抗到目前为止已知的绝大多数密码攻击，被国际标准化组织推荐为公钥数据加密标准。RSA 算法基于一个十分简单的数论事实：将两个大质数相乘十分容易，但是想要对其乘积进行因式分解却极其困难，因此可以将乘积公开作为加密密钥。例如，计算 127×129 并不难，但要将这个乘积 16383 分解为两个大质数却不容易。1994 年 IBM 公司用 1600 台工作站并联，花了 8 个月才成功地分解一个 129 位的大数为两个大质数。但随着数字的增大，因式分解的难度是呈指数的增加。因此，大数的质因子分解的高难度是现在广泛用于电子银行、网络等领域的公开密钥体系 RSA 安全性的依据。

　　Shor 算法的执行需要经典计算机和量子计算机协作来完成，其中量子计算机实现一个周期查找的函数，经典计算机负责整个算法流程的控制，以及调用量子算法。算法的核心是利用数论中的一些定理，将大数质因子分解转化为求某个函数的周期，这一步可以在经典计算机上完成。接下来，利用量子并行性通过一步计算便可得到所有的函数值，然后利用测量得到相关联的函数自变量的叠加态。这一步利用了量子性质，加快了计算速度，尤其是测量造成的塌缩使计算量呈现指数型的减少。最后一步是做量子快速傅立叶变换获得质因子。不过，Shor 算法只是一种随机算法，并非每次运算都能确保成功，但经过有限次数的计算可以大概率地得到因式分解的结果。按照理论估算，以上提到的 129 位的大数的质因子分解，若采用拥有 2000 个量子比特的量子计算机来处理，只要 1 秒时间即可以分解成功。

　　除了 Shor 算法，Grover 提出的量子搜索算法也非常有用。传统计算机对非结构化数据的搜索其实是比较低效的，但却是人们经常需要面对的任务。例如，由姓氏笔画去查找某人的电话号码相对容易，而反过来做就复杂很多，因为后者的搜索无规律可循，属于非结构化数据的搜索。经典的算法只能是一个接一个搜寻，直到找到所要的目标为止，这种算法用于搜索 N 个数据，平均地讲要寻找 N/2 次，找到目标的成功概率为 50%；而采用 Grover 的量子搜索算

法则只需要寻找 $N^{1/2}$ 次。

　　Grover 量子搜索算法借助的也是量子并行和量子测量的奇异特性，其核心操作是 Grover 迭代。而每一次的 Grover 迭代可以分为两个部分：一部分是针对叠加态中的目标态做相位翻转，另一部分是平均值反转的操作。经过一定次数的 Grover 迭代，目标态的幅值可以逐渐增大到接近 1。然后进行测量，系统将会大概率地塌缩到目标态，也就是说搜索到了目标态。

　　Grover 算法的用途很广，可以寻找最大值、最小值、平均值等，也可以用于有效地攻击密码体系，如数据加密标准体系，这个问题的实质是从 $2^{56}=7 \times 10^{16}$ 个可能的密钥中寻找一个正确的密钥。若以每秒 1 密钥的运算速率操作，经典计算需要至少 1000 年，而采用 Grover 算法的量子计算机则只需不到 4 分钟的时间。

　　由此可见，量子算法的强大功能来自量子态的奇异性质，但量子算法的真正应用必须依赖于量子计算机这个硬件。但何时才能建造成功一台实用的量子计算机？按照目前的技术水平，实现这一目标还不能预期，但研究更新、更强大的量子算法对于量子计算机的研制无疑是一个非常大的动力。

三、量子模拟——小型的量子计算

　　随着计算机技术的发展，人类利用计算机来模拟现实世界的能力越来越强大。例如,飞机和汽车性能的测试、核爆炸实验都不需要在真实的环境下进行,而可以利用超级计算机进行模拟来达到同样的效果。但是,当使用这些超级计算机来研究微观世界的量子力学问题的时候,原来强大的计算能力马上就变得捉襟见肘。我们在第五讲第一节提到,45 个量子比特所承载的信息相当于 2^{45} 个比特,于是,用这些超级计算机来计算一个由多个量子比特所构成的量子系统随时间的演化,显然是异常困难,以至于目前人类最强大的计算机只能计算 30 多个量子比特所构成的系统。

著名物理学家理查德·费曼最早意识到这方面的困难,并想出了解决的方案。他猜想,微观世界的规律是符合量子力学的,而我们没有能力去数值求解那些代表这些规律的方程,那么我们是否可以创造一个人工的、符合量子规律的有效系统,让这个有效系统所满足的量子力学方程同我们的求解对象完全一致? 于是,通过控制这个人工的量子力学系统,我们可以直接在上面做实验,读出的实验结果即我们所想求得的解。费曼的这个想法,被后来者进一步演变为两种量子模拟方式。一种是数字型量子模拟,即在量子计算机上用量子比特来构建模拟对象,然后模拟该对象的性质;二是模拟型量子模拟,即直接在人工系统中构建所模拟的有效量子系统。这种分类法其实是借用了数字电路与模拟电路的定义。

人们通过研究发现,量子模拟除了擅长模拟量子多体系统随时间的演化,还有可能模拟目前难以精确求解的强关联多体系统,而以上两类问题都是经常出现在凝聚态物理、量子统计力学、高能物理中，长期困扰着研究人员。除此之外，通过量子模拟还有可能在理论上预言一些功能神奇的新型量子材料，例如拓扑材料等，这些材料不是自然形成的，但可以人工构造出来。量子模拟中可以给出目前真实物理设备所达不到的物理条件，演示被理论预言，但是从未在真实世界中观测到的物理现象。量子模拟也能用于求解某些特殊类型的数学难题，并以超越目前超级计算机所能达到的速度来最快求解。

由于建造拥有成百上千个量子比特的量子计算机仍然困难重重，只需要少数量子比特就能工作的量子模拟目前为大家看好。正因为如此，能够实施上述量子模拟功能的物理系统被当成小型的量子计算机。我们现在知道的这样的物理系统有：超冷原子气体系统、离子阱系统、超导电路系统、光子系统等。这些体系都具备成为量子计算机候选装置的基本性质：初始状态有分离的量子态；能长时间保持量子信息；可完成量子逻辑操作；能高效地被读出信息；操作的准确性高。以离子阱系统为例，单个离子上采用模拟型量子模拟方式已验证了接近光速运动的电子的颤动现象，这一现象最先由著名物理学家薛定谔给出理论预言，但一直未能在高能物理设施上获得验证。另外，两个离子上的数字型量子模拟方式成功模拟了多种固体体系的相互作用。需要指出的是，中国科学家在以上提到的各个量子模拟系统上都做出来了杰出的研究成果。

四、如何造出量子计算机

2019 年,《自然》杂志发表了封面文章宣布,谷歌公司的研究人员研制出一台 53 量子位的超导量子计算机,在 3 分 20 秒时间内成功地完成了传统计算机需 1 万年时间处理的问题,并声称是全球首次实现"量子霸权"。这是"量子霸权"第一次进入公众的视野。量子霸权这一概念由物理学家 John Preskill 于 2012 年提出,是指量子计算机拥有的超越所有经典计算机的计算能力。本书中我们认为用"量子超越性"替代"量子霸权"更合适 (详细介绍见第九讲)。随着全球各国大力投入量子计算的研究,量子物理装置的技术水平在快速进步,因此,实现量子超越性似乎日益临近,甚至已成为量子计算领域最重要的科学目标之一。

从目前已知的实验方案来看,有希望展现量子超越性的有以下三种算法:玻色子取样算法、随机电路抽样算法和 D-Wave 公司的量子退火优化算法。以上提到的 2019 年谷歌公司实现的量子超越性实验,就是用 53 个量子比特展现了随机电路抽样。2020 年年底中国科技大学联合团队实现了 76 个光量子的玻色子取样算法。研究人员在名叫"九章"的光学量子装置上演示了 50 个光子的高斯玻色子取样,在 200 秒内观测到 3097810 个样本事件,取样速度是最快的经典超级计算机的 10^{14} 倍,也比谷歌的量子处理器快 100 亿倍。

相对谷歌的实验，中国科技大学的实验是首次表明通过光子也可以演示量子超越性，同时其输出结果的范围远远超出谷歌实验输出结果的范围。关于这两个里程碑式的实验，详细的介绍和分析见后面的第八讲和第九讲。

其实，这种基于特定算法的量子超越性的实验实现距离建造实际的量子计算机尚有很大距离。迄今还没有任何一台量子装置在通用型量子计算实验中展现出这种能力。但有研究人员预测，今后几年，量子计算机的运算能力会呈现"双指数速率增长"，超越摩尔定律所指的传统计算机运算能力每18个月翻一倍的增长速度。

有潜力建成量子计算机的物理体系与上节提到的量子模拟系统的候选者是一致的，但量子计算机的运算规模远大于量子模拟系统。目前最有希望建造量子计算机的候选者是超导体系和离子阱体系，其纠缠的量子比特数目都已经超过了50，并且有较为成熟的技术和稳定的研究团队。

离子阱，又被称作离子陷阱，是一种利用电场或磁场将离子（即带电原子或分子）俘获和囚禁在一定范围内的装置。离子囚禁在阱内真空中，与装置表面不接触。离子阱能提供近乎理想的孤立环境，囚禁于其中的离子在激光的精准操控下先是被冷却到能量极低的状态（专业名词称作"超冷态"），然后在激光的操控下可以最大限度地展现出量子特性。实验表明，在电磁场的作用下，离子的电子态翻转可以通过与聚焦到几微米的激光相互作用来实现；两个离子之间电子态的相互作用通过每个离子的电子态和离子的简谐振动态之间的耦合来实现。利用离子阱来做量子计算机的方案就是基于以上的特性：将量子比特编码在每个离子的电子态上，利用激光的操纵来实施量子计算所需的逻辑门。激光精准控制离子的电子态翻转可以完成单个比特的旋转；激光精准控制两个离子之间电子态的相互作用可以实现普适的两比特逻辑操作。按照量子图灵机理论，单个比特的旋转与普适的两比特逻辑操作的适当组合可以完成任意一个量子算法。离子初态的制备可以通过激光冷却和光泵浦来实现；由于冷却到运动基态的超冷离子的相干时间足够长，量子态的读出可以通过共振荧光和电子搁置放大等成熟的技术手段来完成。由此，被囚禁在电磁势阱中的超冷离子能完成近乎完美的量子逻辑门和量子信息的传递，是实现量子计算机最有希望的体系之一。

超导体系所用的量子比特通常有三种：相位比特、磁通比特和电荷比特。这三者之间的特性稍有差别，但其本质都是利用了约瑟

图 7.4　左图为霍尼韦尔公司展示的 6 个量子比特的离子阱计算机；
右图为谷歌公司的超导量子计算机的芯片

夫森结（一种超导器件）的非线性特征。由于体系的能级不是线性的，人们就可以选择其中两个来编码量子比特，然后利用微波来精准操控这两个态就可以完成单个比特的旋转。实现两个比特的相互作用是基于超导量子比特的电容或电感的耦合，也可以是两个超导量子比特同时耦合一个谐振腔，谐振腔中的微波光子起着传递信息的作用，将相隔一定距离的两个量子比特关联到一起。不过，不同于离子阱体系的情况，超导量子比特的读出是借助于电信号。另外，超导量子比特的工作环境是几个开尔文的低温，需要使用稀释制冷机来保持低温。相比离子阱体系，超导体系在量子比特的扩展性方面更加方便，因此也是目前实现量子计算机最有希望的体系之一。

最新的研究结果显示，在执行相同的量子任务时，离子阱量子计算机的运算速度略慢于超导型量子计算机，但在准确性上离子阱量子计算机却胜出一头。不过，国内外几家大公司（如IBM、谷歌等）目前看好的都是超导体系的量子计算，而投资离子阱量子计算的大公司只有霍尼韦尔（Honeywell）公司较为有名。这其中的主要原因是超导体系为固体系统，更接近于目前半导体电子计算机的技术特征。其实，芯片离子阱的构造主体是硅或者二氧化铝材料，通过微型电极来操控离子的位置，利用光纤控制激光来操控离子的自旋，这已经与固体体系的情形非常相似。而且，相比超导体系，离子阱的工作环境干净、简单，更适合保持量子相干特性；而且量子比特的操纵和信息读取都是基于光学操作，不仅准确灵活，工作效率还有极大的提升空间。总之，这两种候选体系各具特色，目前难分伯仲，而且对光电技术和量子软件的需求几乎相同。

理论研究表明，量子计算机要想显示出量子超越性，应该具有相干操控至少 50 个量子比特的能力。从目前的发展态势看，超导体系和离子阱体系基于某些特定任务和特殊设计可以达到这一要求，但量子纠缠仍然无法长时间、高保真地存在于系统。量子模拟、量子优化和玻色子采样等都可能是量子计算机原型机超越经典计算机的优势方向，但这种基于特定算法和量子模拟的量子计算机只能完成特定的任务，并非通用型的量子计算机。通用型的量子计算机仍然存在着技术上的挑战，其涉及的多比特的相干保持、容错、纠错等技术障碍，短时间内难以取得重大突破。如何实现通用型的量子计算仍将作为一个应用型基础研究的方向长期存在，短期内不可能成为一种盈利的商业行为。

尽管如此，近几年来，各国都纷纷提出了自己的量子计划，加入量子超越性的竞争。除了早已投入巨资的美国，欧盟在 2016 年、德国在 2018 年、英国在 2014 年、俄罗斯在 2019 年都加入了这场世纪竞争。即使是 2020 年席卷全球的新冠肺炎疫情也没有阻止"量子超越性竞争"的历史进程。2020 年 8 月，Google 量子研究团队宣布其在量子计算机上模拟了迄今最大规模的化学反应。2020 年 9 月，IBM 发布了扩展量子技术路线图，将在 2023 年实现超过 1000 量子比特的量子计算设备。英国量子软件公司 Riverlane 发布了高性能通用操作系统 Deltaflow.OS，并宣布进入了量子计算机商业化关键阶段。

　　当然，这场世纪竞争也少不了中国的参与。中国政府早在"十三五"规划中就已经将"量子科技"列为国家科技战略的组成部分。中国的科研机构和大学一直在抓紧研制光子型、超导型和离子型的量子计算机，并不断展示出令人欣喜的进展。尤其值得一提的是，在 2020 年 10 月 16 日中共中央政治局第二十四次集体学习时专门学习和讨论了量子科技的问题。习近平总书记在会上强调，要深刻认识推进量子科技发展重大意义，加强量子科技发展战略谋划和系统布局。我们有理由相信，中国的量子计算机研制会一直走在世界前列。

第三部分

未来的征战

—— 第八讲 ——

难易天堑——经典与量子
计算复杂性

什么是难，什么是易？随着人类智力活动探索的不断发展，人们从数学上给出了什么是计算以及难和易的严格的模型和定义。这就是可计算性和计算复杂性理论研究的内容。由此，大量的重要的理论和实际问题的难易刻画被充分研究。这也部分揭示了人类智能之谜及其局限。

一、人类智力创造的辉煌

19 世纪后半叶到 20 世纪前半叶，人类智力创造在历史上写下
了最为辉煌的篇章。其中，最为大众所熟知的是物理学中的相对论
和量子力学。前者改变了人类对时空的认识，而后者则为我们打开
了微观世界的大门。第一次将量子理论和狭义相对论成功结合的

欧几里得（约公元前 330—前 275），
古希腊数学家、几何学之父，所著《几何
原本》共 13 卷，被认为是历史上最成功
的教科书，书中使用的公理化的方法成
为建立任何科学理论体系的典范。另外，
寻找两个整数的最大公约数的欧几里得
算法，也是数学中著名的简洁优美的算
法，在现代数论的发展中有重要的应用。

大卫·希尔伯特（1862—1943），德国数学家，对数学多个领域的贡献巨大，所著的《几何基础》成为近代公理化方法的代表作；1900 年提出的新世纪数学家应当努力解决的 23 个数学问题，被认为是 20 世纪数学的制高点；是 20 世纪最伟大的数学家之一。

量子电动力学 QED（Quantum Electrodynamics），是人类迄今为止建立的最精确的物理理论。量子电动力学关于电子的无量纲磁动量（g-factor）理论估计值与实验值符合精度高达小数点后 11 位。量子力学也是最让人困惑的物理理论，其中许多已被大量实验所验证的现象，但人们至今没有能够建立与宏观世界直观相符合的解释。迄今为止，人们只能对量子力学作唯象性的解释，并没有找到普遍接受的物理直观图景。

与物理领域进展相伴的是数学领域中的公理化。公理化运动肇始于 19 世纪末 20 世纪初。由德国数学家希尔伯特（Hilbert）提出的希尔伯特纲领（Hilbert Program）所推动。该纲领的主要目标是数学的公理化、形式化和证明的机械化。其名言是"我们必须知道，我们终将知道（Wir müssen wissen, wir werden wissen）"。公理化的基本内容就是选择一组假设作为公理，并将系统演化的规则形式化。以选择的公理为基础，根据演化规则（形式化的）作推理，从而得出所选择的公理集所具有的性质。公理集的选择既可以是从现有的研究领域总结也可以是人为的根据一定理论推导作选择。公理集的选择在一定程度上可以摆脱人类日常直观的限制。公理集选择的自由和推演的形式化使得公理化方法具有强大的抽象能力。这方面的第一个例子应该是欧几里得几何中著名的平行公设（Parallel Postulate）。平行公设即过平面直线外任何一点能作并只能作一条平行直线。平行公设同我们日常直观相符。但这一公设困扰了数学家两千多年。直到 19 世纪数学家（高斯、鲍利亚、罗巴切夫斯基等）认识到改变这一公设会得到不同的几何。新的几何同欧几里得几何一样也是成立的。这种几何就是非欧几里得几何。平行公设有两种改变。第一种是过平面直线外任何一点没有平行直线，这种几何就是球面几何（Spherical Geometry）。第二种是过平面直线外任何一点有无穷多个平行直线，这种几何就是双曲几何（Hyperbolic Geometry）。随后的黎曼几何（Riemannian Geometry）可以认为统一了非欧几里得几何。非欧几里得几何的诞生在哲学上以及数学和物理上产生了极其重要的影响。非欧几里得几何的创立将人们从欧几里得空间观的束缚中解放出来。在数学上数学家看到了改变一些重要的公理可以得到新的不同的数学理论。在物理上，黎曼几何可以看成是后来广义相对论在数学上的先导。公理化在数学上的第一个发展是希尔伯特对平面几何的公理化。其成果包含在其名著 1899 年的《几何基础》中。其名言是"将平面几何中的点线面换成桌子椅子等结论照样成立"。其意思是我们不局限于基本概念的直观意义，而是着重于它们之间的关系。希尔伯特对平面几何公理化的成功促使人们进一步将整

艾米－诺特（1882—1935），德国数学家。数学方面，在环、域和代数的理论领域贡献卓越，建立了抽象代数；在物理学方面，解释了对称性和守恒定律之间的根本联系，被称为"现代代数之母"。

个数学学科和物理学科进行公理化。后来在量子物理的发展过程中公理化的方法起到了极大的作用。尤为显著的是，量子物理中的许多实验现象迫使人们创造和接受与我们日常世界相悖甚至没有对应的观念。

公理化运动已对所有的理论科学产生了深远的影响。公理化是人类理性思维方式迄今为止最强有力的方法。当今基础理论科学研究的对象已经大大超出了人类日常直观世界。而公理化以及由之而来的抽象化则是我们研究那些远超出日常直观对象的核心方法。例如，著名的德国女数学家艾米－诺特（Emmy Noether）建立的诺特定理（1918），揭示了物理学中的守恒定律同物理系统数学形式对称性的一一对应关系。形式上时间不变对应能量守恒，空间平移不变对应动量守恒，而空间旋转不变则对应角动量守恒。公理化运动的另一个重要的成果是对形式化系统的理解和认识。其一发现了形式化方法的局限——歌德尔不完全性定理。歌德尔（Kurt Gödel）发表于 1931 年的公理系统不完全性定理被认为是现代哲学最重要的成果之一。该结果表明，公理系统中有些问题既不能够被证明是对的也不能够被证明是错的。有些问题的对错在该公理系统中不能判断。我们不能判断该系统中哪些问题是不能判断的。歌德尔不完全性定理揭示了人类理性思维的本质局限，也对希尔伯特纲领最终目标给出了否定的回答。

如果说歌德尔不完全性定理这一结果是悲观的——理性推理方法有局限，那么形式化的另外一个结果——计算的严格定义——则

库尔特·哥德尔 (1906—
1978)，美籍奥地利数学家、逻辑
学家和哲学家，其最杰出的贡献是
哥德尔不完全性定理和连续统假
设的相对协调性证明。

有更为丰富的成果。什么是计算？图灵机给出了什么是计算的严格
的数学定义。除了图灵机以外，人们还找到了许多其他的定义和模
型。迄今为止所有的通用计算模型都被证明是与图灵机等价的。也
就是说，在其中任何一个计算模型上能够解决的问题也能够在图灵
机上解决，反之亦然。基于此，人们能提出了以下丘奇—图灵假设
（Church-Turing Thesis）：

图灵机可计算任何物理上可实现的计算。

现在人们普遍认为图灵机本质上刻画了什么是计算。基于图灵
机模型建立了可计算性和计算复杂性理论。该理论与实际应用紧密

相连。首先，区分什么样的问题可以计算解决而什么样的问题则没有算法可以解决。对可以计算解决的问题，则分析问题的复杂度和最好算法是什么。其中最为重要的成果是 NP 完全性理论、PCP 定理和量子计算等。其中的核心问题是 NP 是否和 P 相同。这就是著名的 NP？=P 问题。这里 N 是非确定的意思。P 代表多项式。NP 是否等于 P 这个问题的直观含义是，寻找一个问题的解和验证一个问题的解是否一样难。这一问题与理解我们人类的智能和创造性深刻相连。也是克雷数学研究所提出的 21 世纪 7 个最重要的数学问题之一。这些领域的成果既有极其重要的现实意义，也加深了我们对什么是人类智能的探索和理解。

科技是第一生产力，这是一个深刻的论断。前两次工业革命分别以蒸汽和电力为代表，可以看成是以经典牛顿体系为基础的人类社会实践的极大发展。第三次工业革命——信息革命——可看成是数学中形式化发展——计算的理论——与经典牛顿体系相结合的产物。当然，还有部分量子物理的应用。例如，制造超大规模集成电路所用的有些关键技术等。现今，人类在对大自然的开发和实践中对经典牛顿体系的应用和探索几乎已经到了极限或者说瓶颈。其一是研究的微观尺度已经小到其物理规律必须由量子物理来描述。例如，制造集成电路尺度小到必须考虑量子效应。其二是研究的对象由数量巨大的子系统组成。子系统的规律完全已知，但是从天文数字的子系统性质推算系统整体性质则需要巨大的计算量。这种计算量甚至远远超过人类在理论上能够实现的计算量。

其三是所需要的计算量随问题的规模增长而呈指数爆炸。对问题规模超过 60 以上的问题（例如自由变量超过 60 的某些 NP 完全性问题）连目前最强大的超级计算机也无能为力（需要运行上百年甚至更长）。例如，在药物设计中，蛋白质的性质由其空间拓扑结构决定。蛋白质的 DNA 序列容易测定，但从蛋白质的 DNA 序列预测其空间拓扑结构则遇到计算量指数爆炸。目前经典计算机还不能克服计算量指数爆炸这一难题。而量子计算机则让人们看到了一些希望。

那么下一次工业革命（如果有？）会是从哪里来呢？笔者认为可能是两个方向或者是两个方向的结合。一是基于量子物理设计和研制材料和药物等以及量子信息技术（量子通信和量子加密等）。二是对 NP?=P 的突破和以此为基础的对人类智能和创造力的研究。大数据和深度学习可以认为是这一方向的前奏。

二、图灵机——什么是计算

（一）图灵机

笔者认为图灵机是最简洁和最深刻的数学模型之一。图灵机模型由英国数学家 Alan Turing 于 1936 年建立。随着数学中公里化运动的发展，需要给出计算的严格定义。在图灵之前，图灵的博士

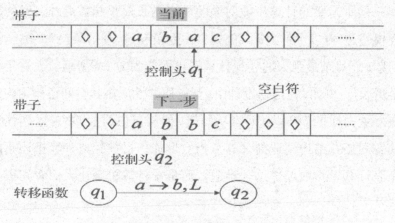

图 8.1 图灵机的原理描述

导师丘奇（Alonzo Church）已经给出了计算的严格定义——λ 演算。图灵独立地建立了图灵机模型，并证明了两种定义是等价的。

图灵机可以用直观模型描述如图 8.1。

1. 一条无限长并被分成无数个格子的带子，除了有限个格子外其余格子中为空白。这对应计算机的内存。

2. 控制头状态和控制头所指的格子中的符号决定下一步的动作。

3. 下面例子中控制头状态为 q1，所指符号为 a，根据转移函数将当前符号 a 改为 b，控制头左移一格，控制头状态变成为 q2。

图灵机的抽象能力可以理解为来自以下几点：

1. 编码　　　最广为人知的是 0,1 编码。将研究对象变换为字符串。通过编码我们不用关心符号的意义，

而只关注符号之间的变换规则。这极大地提了
分析问题的抽象能力。

2. 转移函数　将所有的变换规则用转移函数来表示。

3. 线性步骤　当前状态和当前符号决定下一步的动作。

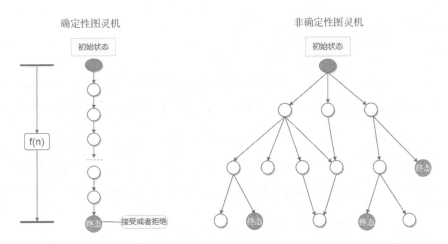

图 8.2　确定性的图灵机与非确定性的图灵机

　　我们可以把加减乘除运算过程与此模型对照,理解图灵机刻画
了我们直观认为的计算过程。

　　图灵机模型有一些技术上的变种。例如多控制头和多读写带。
这种变化并没有显著增加计算能力,大概计算速度是平方倍的增加。
如果我们允许每一次转移函数可以作多种选择,这种类型的图灵机
叫作非确定性图灵机。这两种类型的图灵机计算效率是否一样呢?
这就是当今计算机理论上最为核心的问题——NP?=P。值得注意的

是，非确定性图灵机只是一种理论模型，物理上不可能实现。目前人们普遍认为，非确定性的图灵机计算效率比确定性图灵机要高。直观上非确定性图灵机每次可以同时做多种计算。我们可以用图8.2来直观表达这两种图灵机的区别。

(二) 其他计算模型

人们发明了许多各种各样的计算模型。到目前为止，所有的计算模型都没有超过图灵机的可计算能力。有许多计算模型与图灵机等价，即其可计算的问题集合与图灵机一样。现介绍由逻辑学家王浩 1961 年所建立的王氏铺砖模型（Wang Tile）。先从有限种颜色中选取颜色，对单位正方形的四条边任意着色。再选取有限个这样着

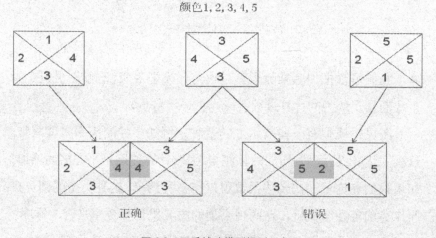

图 8.3　王氏铺砖模型规则示意

138

色的正方形作为模板来铺设平面。相邻两个正方行的共同边颜色要相同。图 8.3 是铺设着色正方行的规则示意说明。例子中总共使用 5 中颜色，用数字 1—5 表示。在正确的例子中相邻两个正方形的共同边颜色都是 4，而在不正确的例子中相邻两个正方形的共同边颜色一个是 5 而另外一个却是 2。

王氏铺砖模型和图灵机可以互相模拟，所以这两个模型可计算能力是等价的。王氏铺砖模型可以计算任何图灵机可计算的问题，是一种通用计算模型。王氏铺砖模型在计算机图形学、纹理设计 (Texture Design) 以及建筑地面和墙面铺砖设计等领域有着广泛的应用。

另外一种计算模型是"生命游戏" (Game of Life)。这种模型是腔包自动机 (Cellular-automation) 的一种类型，由英国数学家约翰·康威 (John Horton Conway) 所创立并由著名的科普作家马丁·加得勒 (Martin Gardner) 于 1970 年在《科学美国人》中介绍给大众。康威不幸因 COVID—19 于 2020 年 4 月逝世。

生命游戏这一模型规则简单。将这个平面分成大小相同的格子。每个格子有死活两种状态。每一个格子的下一个状态有其所有相邻的格子的当前状态决定。太多或者太少的相邻活格子导致当前格子死亡。

1. 一个死格子如果正好有三个相邻活格子则下一步变为活格子。

2. 一个活格子如果正好有两个或者三个相邻活格子则下一步变为活格子。

3. 其他情况下格子下一步都变成死格子。

生命游戏模型规则简单，容易理解和试验。试验中观察到了大量有趣的演化式样。许多演化样式有类似于生命演化的特征。引起了广大普通读者的极大兴趣。尽管规则简单，生命游戏模型具有于图灵机一样的可计算能力。也是一种通用的计算模型。

与图灵机一样，所有的通用计算模型都有相应的不可判定的"停机问题"。在王氏铺砖模型中，不存在算法对任意给定的一组砖判定其是否能够铺满整个平面。在生命游戏模型中，不存在算法对任意给定的一个初始状态和目标状态，判定从初始状态能否演化到目标状态。

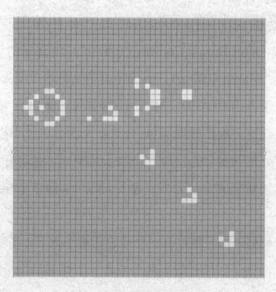

图 8.4　滑翔机枪 Glider Gun

（三）计算复杂性理论简介

1.基本的复杂性类。

问题的计算复杂度可以有多种度量。最常见的是时间和空间。时间是指图灵机控制头移动的步骤。空间是指图灵机控制头所扫描过的格子数。理论上我们关注的是当问题规模趋于无穷大时问题的复杂度。复杂度的分类只考虑主要构成部分，相差常数倍的归于同一类。这就是大 O 记号。

$$O \text{（主要项 + 次要项)} = O \text{（主要项)}$$
$$O \text{（常数倍 × 数量)} = O \text{（数量)}$$

从实践中关心的大量的问题和理论上的分析，人们将最基础的和核心的复杂性类定义为：

$$P : \text{多项式} = O\ (n^k)$$
$$NP : \text{非确定图灵机多项式}$$
$$EXP : \text{指数} = O\ (2^{n^k})$$

多项式类与指数类的本质区别是随着问题的规模增加，多项式所增加的只是次要项，而指数类则是翻倍。指数爆炸指的是随着问题规模的不断增加相应的计算量不断翻倍。多项式与指数的区别如图 8.5 所示。

对指数类问题，目前最快的超级计算机所能够计算的问题其规模大约为 60。超过 60 后所需要的计算时间和内存空间远远超过现

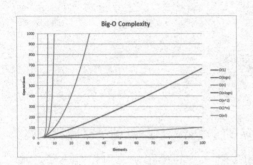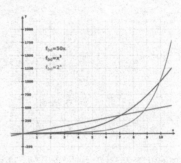

图 8.5　多项式类与指数类的区别

有的水平甚至理论上的可能。这被视为实际上是不可行的。实际应用中问题的规模成百上千甚至更大。

NP 问题的重要性随着理论研究的发展而被人们所认识。NP 的直观含义是每步计算可以同时做多种选择，即直观上的并行性。这样就可以处理指数爆炸的情况。但 NP 是基于非确定性图灵机的。非确定性图灵机只是一种数学抽象模型，并不能够在物理上实现。

当处理新问题或者困难问题时，我们通常尝试将其归约到已知的或者容易的问题，并用归约方法对问题复杂性进行分类。1971 年左右，加拿大计算机科学家 Steve Cook 和苏联计算机科学家 Leonid Levin 分别独立地证明了 NP 中存在最难的问题，既 NP 完全性问题。在此基础上建立了 NP 完全性理论。笔者认为 NP 完全性理论是计算复杂性理论中最为神奇的发现。NP 复杂性类有以下三种等价的定义：

（1）每步计算可以同时做多种选择。

（2）猜测一个答案并可以很快地（多项式时间）验证猜测的答案

是否正确。

（3）任给一个答案，随机检查答案的 9 处地方就能够确定答案是否正确，而且这样作出判断出错的可能性比较小。

第一种定义是最初的定义，也最直观。第二种定义则将寻找问题解的难度和验证问题解的难度联系起来。第三种定义是 1992 年的 PCP 定理的结果。PCP（probabilistically checkable proof）即概率检查证明。从 20 世纪 80 年代到 90 年代，人们发现随机性和交互性对计算模型的能力有极其重要的影响。PCP 定理就是对这些方面深入研究的重要结果。PCP 定理告诉我们，形式化证明是高度结构化的。基于这种高度结构化，很容易发现证明的错误。根据 PCP 定理，我们可以把所有的数学证明按规定的格式形式化，所有的证明我们只需要随机检查几个地方，就能够很可靠地判断证明的对错。下表所列的是不同领域发现的 NP 完全性问题。

领域	代表问题
空气动力学	有限元优化网格
数学	3SAT，图着色
生物学	生物群体演化史的重构
化学	蛋白质空间结构
经济学	金融市场套利计算，优化资产组合
电子工程	超大规模集成电路设计
政治学	Shapley-Shubik 投票
物理学	三维 Ising 模型
娱乐	国际象棋，魔方，数独

实践中，人们关心哪些问题计算上是实际可行的。其要点是随着问题规模的增长所需要的计算量不会增长太多。相应地，理论分析把多项式类 P 看作是实际可行的。从 NP 完全性问题发现以来到现在，在几乎人类智力活动所有领域中的核心问题都是 NP 完全的或更难。那么，NP 完全性问题有没有现实可行的算法？这个问题就极为重要。理论上这就是 NP?=P，即 NP 完全性问题是否有多项式算法。根据 NP 的第二种定义，NP?=P 也就是问，如果能够在多项式时间内验证问题的答案，那么能否也能在多项式时间内找到该问题的答案。即验证问题的答案与寻找问题的答案是否一样难。

可计算性和计算复杂性理论给出问题难易度量的严格定义。难的问题大致上可以分为两类。第一类是不可计算（或不可判定）的问题。第二类是可以计算的但计算量很大，实际上被认为是不可行，例如指数类即指数爆炸。指数时间被认为是实际上不可行的。那么什么是容易？开始人们认为容易即多项式类 P。随后发现随机性在算法中的重要性，就把容易定义为 BPP（bounded-error probabilistic polynomial）类，即加入随机性并允许一定的出错率的多项式类。

计算的形式化让我们认识到，人类智力活动和创造活动绝大部分是可以形式化的。但形式化后相应的计算问题是 NP 完全的或者更难。计算复杂性理论领域已经有大量推论支持 NP 不等于 P，即 NP 完全性问题没有多项式时间算法。这也意味着大量重要的实际问题用经典的计算机很可能不能有效地解决。而基于量子物理的量子计算机模型则让我们看到了曙光。量子计算的研究成为近 20 年来极具潜力和热门的研究方向。

三、量子计算——新的天地

计算也可以只看成是物理过程。这样计算模型的计算能力可以从物理规律来分析。经典的计算机模型在 NP 完全性问题上显现了其局限性，那么基于什么样的物理规律的计算模型可能突破经典计算机模型从而能够有效地解决 NP 完全性问题呢？从经典物理到量子物理，到广义相对论，到非线性量子力学等各种物理理论及其扩展，其中最为现实可行的是基于量子物理的量子计算。

物理学家 R.P.Poplavskii（1975）和费曼（Richard Feynman, 1980）等洞见到基于量子物理做计算可能比经典计算机更快。1985 年英国物理学家 David Deutsch 描述了通用量子计算机。Deutsch-Jozsa 算法（1992）首次表明量子计算机可能比经典计算机更强大。而真正极大刺激量子计算研究的是 1994 年美国贝尔实验室 Peter Shor 发表的整数多项式时间分解量子算法。这个算法可以破解目前所广为应用的公开加密系统。同时比已知最好的经典算法快指数倍。量子计算需要的时间是 $O(N^2 \log N \log \log N)$，而目前最好的经典算法需要的时间是 $O(e^{1.9N^{1/3} (\log N)^{2/3}})$。更准确地说，是超多项式倍而不是指数倍。因为经典算法不是指数的而是准多项式（Quasi Polynomial）的。准多项式是比任何多项式要慢但比任何指数要快的类别。在不影响主要结论的前提下，后面行文中将对指数时间类和准多项式类不做区分。

　　量子系统的什么性质使其能够做比经典计算更快的计算呢？目前并没有严格的模型来定量地描述量子计算能力对比经典计算的能力。我们可以做以下直观的理解。量子物理用波函数描述系统。这样系统的状态具有非确定性、非定域性和叠加性。例如，一个电子没有确定的位置。理论上讲这个电子可以出现在任何地方。只是出现在不同地方的可能性不一样。叠加性是指系统可以同时处于几种状态中。著名的薛定谔猫就是一个说明量子叠加性的假想的例子。假设一个子系统有两种状态。两子系统有四种状态。每增加一个子系统总的状态数就加倍。因叠加性，量子系统就可同时处于指数多个状态的叠加中。叠加性在数学上对应线性性。对系统的一次操作，根据线性性这一操作同时作用在所有的叠加状态上。叠加性也对应着直观上的并行性。这可能是量子计算能比经典计算快的原因。目前，理论上并没有能够建立基于某种量子物理的性质的模型来定量刻画量子计算比经典计算快。其中，量子纠缠是这方面的一个很重要的研究方向。我们可以用下面图表来示意量子计算比经典计算快的直观原因。

子系统个数	经典系统同时所处状态数	量子系统同时所处状态数
1	1	2
2	1	4
3	1	8
4	1	16

续表

子系统个数	经典系统同时所处状态数	量子系统同时所处状态数
N	1	2^N
函数 f	同时计算一个状态	同时计算 2^N 个状态

量子计算模型有多种。一种是模仿经典计算机的构造即电路模型。先构造通用量子门,再用通用量子门构造任何逻辑电路。在理论上,这对应的是量子图灵机模型。通用量子门是一个或多个量子门,以其为基础可以构建任何量子门电路。Toffoli 门和哈达玛(Hadamard)门构成一组通用量子门电路。如下图所示。

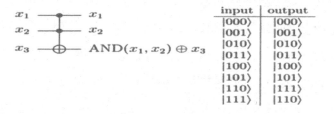

图 8.6 Toffoli 逻辑门

图 8.7 Hadamard 逻辑门

147

下面是一个量子电路的电路图。

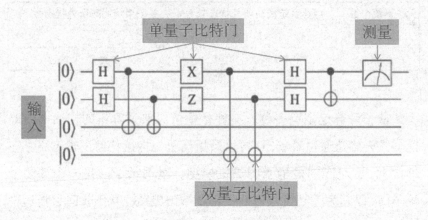

图 8.8　由各种量子逻辑门所构成的量子电路

我们可以通过构型的变换来统一理解经典图灵机和量子图灵机。构型是指系统当前状态所有的性质。每一步计算相当于从一个构型变换到另外一个构型。从理论上讲，量子图灵机与经典图灵机的区别只是转移函数中用复数而不是实数。我们可以表示如下：

模型	转移函数		
确定性图灵机	构型 $\xrightarrow{\text{转移}}$ {概率 = 1		构型
概率图灵机	构型 $\xrightarrow{\text{转移}}$ { 概率 $\in [0,1]$ 概率 $\in [0,1]$ $\vdots$ 概率 $\in [0,1]$		构型 1 构型 2 $\vdots$ 构型 N

续表

模型	转移函数		
量子图灵机	构型 $\xrightarrow{\text{转移}}$	概率 =	复数 $|^2$	构型 1
		概率 =	复数 $|^2$	构型 2
		$\vdots$	
		概率 =	复数 $|^2$	构型 N

另外一种量子计算是量子退火 (Quantum Annealing)。基于量子物理模拟金属加工工艺中的退火过程来寻找系统的优化状态。在经典的退火算法中，当落入局部最优解时需要增加系统能量才能跳出局部最优解从而寻找更好的解。量子退火则因量子隧道效应，当落入局部最优解时不要需要增加系统能量仍有一定的概率跳出局部最优解去寻找新的解。

$$H(0) = \tilde{H}(0) \qquad H(t) = \tilde{H}(t/T) \qquad H(T) = \tilde{H}(1)$$

图 8.9 经典的退火算法示意图

还有一种量子计算是绝热量子计算 (Adiabatic Quantum Computation)，如图 8.10 所示。先设置系统初始状态，再将系统做绝热变化到最终所需状态。设计的最终状态对应着问题的解。绝热变化中系统变化过程缓慢。缓慢程度则由系统的量子特征所决定。这类量子算法的效率取决于系统的汉密尔顿算子的性质。我们大致可以将汉密尔顿算子看成是系统总能量在量子系统运动方程中的对应。汉密尔顿算子对应的基态和第一受激态之间的能级差决定计算的效率。遗憾的是这一差别的计算对有些系统来说是非常困难的。见下面示意图。

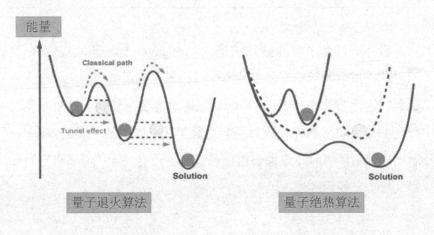

图 8.10　（左）量子退火算法示意图；（右）量子绝热算法示意图

　　自量子计算机模型提出后,同经典算法相比迄今为止发现的量子算法本质上并不多。理论上并不清楚哪些类型的问题会有比经典算法更快的量子算法。如何定量刻画量子计算模型的能力以及与经典模型计算能力的对比,在理论上是很困难的问题。目前并没有太多清晰的结果。有进一步兴趣了解现有的量子算法的读者可以在网站 Quantum Algorithm Zoo（https://quantumalgorithmzoo.org/）找到比较全面的量子算法介绍。

我们大致可将量子算法分类如下：

问题／算法	量子算法	经典算法	备注
整数分解	$Shor$ 算法 $O\ (N^2 \log N \log\log N)$	数域筛法 $O\ (e^{cN^{1/3}\ (\log N)^{2/3}})$	指数倍加速
数据搜索	$Grove\ O\ (\sqrt{N})$	O（N）	平方根倍加速 理论证明这是最好的 可能
玻色子 随机采样	$O\ (m)$	$O\ (n2^n + mn^2)$	指数倍加速
绝热计算	系统性质决定	系统性质决定	这两类算法的性能取决于将问题转化后的量子系统的性质。而后者又与问题本身紧密相连
退火算法			
图上搜索	一大类图性质的算法	一大类图性质的算法	最大有指数倍的加速
解线性方程组	$poly\ (\log N, k)$	$O\ (N\sqrt{k})$	指数倍的加速

　　叠加性在直观上可以认为是量子计算比经典计算更强的原因。目前并不能基于叠加性定量地刻画量子计算模型的计算能力。量子系统的另外一个性质——量子纠缠——也是影响其计算能力的重要因素。没有量子纠缠就不可能有超多项式的加速。理论上对量子纠缠影响量子计算模型计算能力也有一些重要的结果。基于量子图灵机，人们建立了量子计算复杂性理论。经典计算可以看成是量子计算的一个子类。相应地，经典计算复杂性类是对应的量子计算复杂性类的子类。但是否是真子类，即量子计算是否真正强于经典计算，

目前在理论上并没有明确的结果。下表是目前已知的经典复杂性类与相应的量子复杂性类的关系。

经典复杂性类	关系	量子复杂性类	说明
BPP	$\subseteq$	BQP	有界误差概率多项式类,可行性计算类(容易)的定义
NP	$\subseteq$	QMA	非确定计算类
IP	=	QIP	交互式证明系统
RE	=	MIP*	多方量子交互式证明系统能力与图灵机一样

什么样的问题是可以在实际可行资源范围内计算的呢?多项式类 P 加上随机性并允许有限的出错率,这是目前理论上所界定的可行性计算类。在经典模型下是 BPP,在量子计算中是 BQP(bounded-error quantum polynomial time)。是不是所有的 NP 问题都是可行计算的呢?在经典计算中这就算是著名的 P?=NP。在量子计算中对应的则是 BQP?=NP 即量子计算是否能够多项式时间内计算 NP 完全问题。

计算复杂性理论		
	经典计算	量子计算
可行计算	BPP	BQP
所有 NP 问题是可行计算的吗?	NP?=P	NP?=BQP

对问题复杂性类严格分类在理论上是很困难的。目前,对大多

数重要的复杂性类还不能严格的区分。下面复杂性类的包含关系中还没有一个被证明是真包含的。特别地，现在还没有能够证明量子

$$P \subseteq BPP \subseteq BQP \subseteq PSPACE$$

多项式类超过经典多项式类，即 $P \subset BQP$ 成立吗？

　　计算机复杂性理论界目前倾向以下复杂性关系图，但还没有一个被证明是真包含关系的。其中量子计算被认为并不能多项式时间内计算 NP 完全问题。如下面关系图中 BQP 和 NP 的关系。

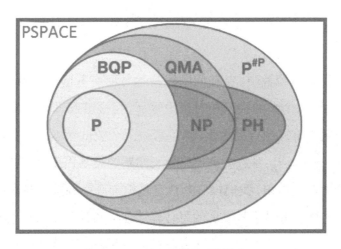

图 8.11　BQP、NP 等关系的关系图

　　特别值得注意的是，目前没有找到 NP 完全性问题的多项式量子算法。整数多项式分解没有被证明是 NP 完全的。人们也普遍认为这个问题不是 NP 完全的。量子计算也刺激了物理的研究。基本的问题是，为什么适用规模的量子计算机难以制造？是否有什么当

前还没有发现的物理规律限制了我们？基于什么样的物理理论能够解决 NP 完全性问题？计算复杂性理论界倾向于认为量子计算并不能够解决 NP 完全性问题。由此，人们提出将扩展的丘奇—图灵假设（见下节）作为一个物理原则。即任何物理理论如果能够有效地解决 NP 完全性问题，那么这种物理理论不可能成立。计算复杂性理论与物理理论的结合是很有意思或者也很深刻的一个研究方向。

四、难和易——人类智能的界限

在我们的经验中，有些问题容易计算而有些问题则难以计算。例如，计算两个数的乘积相对来说容易，但是分解一个数成两个数的乘积则较难。到目前为止，除了用一个个数试除本质上我们没有找到更好的方法。那么如何严格定义问题的难易程度呢？在没有计算的严格定义以前，我们没有办法定量地刻画问题的难易程度。计算的形式化以及基于其发展的可计算性理论和计算复杂性理论则给出了答案。可计算性理论是研究哪些问题是可以计算的而哪些问题则是没有通用算法解决的。例如，不存在一个算法判断任一给定程序是否是病毒或者是不是计算 1+1=2。计算复杂性理论则是定量刻画可计算问题的难易程度。例如，找出给定一组数中的最大数所需的步骤最多是数组中数的个数。当数组增大时其计算量并不显著地增加。但是，如果我们要确定这组数中是否能够找出一些数，这些数相加起来等于事先给定的一个数，即子集合问题，则所需要的步骤随着数组增大而迅速增加而呈指数爆炸。

可计算性理论也加深了我们对人类理性思维的认识。其一是存在不可计算的问题，例如著名的停机问题是不可判断的。即不存在一个算法，对任给一个程序和输入能够判断这一程序是否能够最终停机。不可计算问题是普遍存在的，在科学的其他领域发现大量发现。例如，量子多体系统的基态与第一受激态的能级是否有间隙，即谱间隙（Spectral Gap）问题，是不可判定的。其二是目前发现的所有的计算模型，其计算能力与图灵机等价或弱于图灵机。正是基于此人们提出了著名的丘奇—图灵假设。即图灵机是我们能够设计的计算能力最强的装置。与图灵机计算能力相当的计算装置称为通用计算机。也有许多计算模型比图灵机计算能力弱，不能称为计算机。例如，简单的计算器。

随着社会实践的发展，人们发现几乎所有人类智力活动领域中的核心问题都与计算复杂性理论紧密相连。其一是人们发现了 NP 完全问题。即 NP 问题中存在最难的问题，所有其他 NP 问题都可以归结到这一问题。如果我们找到了一个 NP 完全问题的快算法，那么我们也就找到了所有 NP 问题的快算法。其二是几乎所有人类智力活动领域中的核心问题，绝大多数都是 NP 完全的甚至更难。NP 完全性问题与什么是人类智能和创造力深刻相连。到目前为止，理论上还没有证明任何物理上可以实现的计算模型能够比图灵机快指数倍。这也包括量子计算机。基于此人们提出了扩展的丘奇—图灵假设（Extended Church-Turing Thesis）：

任何物理上可实现的计算模型与图灵模型是多项式等价的。

如果扩展的丘奇—图灵假设成立，则意味着我们不能有效地计算许多人类智力活动中的重要问题。这种计算效率的局限性连同不可计算性问题的存在给人类智力限定了一定的界限。量子计算则在计算效率方面给我们以希望。

"量子霸权"——量子计算碾压经典计算吗

理论上，目前还没有能够证明量子计算机比经典计算机快（指数倍）。同时适用规模的量子计算机目前还难以实现。人们退而求其次，先设计实验演示量子超越性。目前所做的量子超越性实验的结论理论界还在进一步讨论中。量子计算的超越性究竟是唾手可得还是水中月？

一、名称之争——量子霸权还是量子超越性

近年来，量子计算的研究取得了重要的进展。经过媒体大量的报道，特别是使用"量子霸权"这一提法，量子计算在社会上引起了极大的关注。量子霸权（Quantum Supremacy）是指选择一些特定的问题，基于量子物理原理设计计算装置，该装置能够很快地（分钟级别）解决这些特定的问题，但任何经典计算机包括现今世界上最快的超级计算机在可行时间内（百年级别）不能解决。这里需要说明的是，设计的计算装置可以是具备通用计算能力的量子计算机，也可以是只具备解决那些特定选择的问题而不具备通用计算能力的实验装置。选定的问题可以是任何理论上的问题，并不需要具备任何实用价值。其主要目的是通过实验演示基于量子物理做计算可以极大地超越经典计算机的计算能力。

目前引起媒体大量报道的此类实验有两个：一个是 2019 年谷歌（Google）实现了 53 个量子比特的随机电路采样；另一个是 2020 年年底中国科学技术大学联合团队实现的光子的玻色子采样。

量子霸权这一提法容易联想到政治上的含义，是一个有争议

的提法。这一概念由物理学家 John Preskill 于 2012 年提出。但遭到一些科学家的异议，认为这一提法容易联想到白人霸权（White Supremacy），建议用量子优越性（Quantum Advantage）来代替。但是 John Preskill 认为，量子优越性这一提法不能反映他所要表达的量子计算对经典计算无可争议的、压倒性的优势。另外，质疑量子霸权可能性的数学家 Gil Kala 则提出用 HQCA（Huge Quantum Computational Advantage）来代替量子霸权这一提法。目前，这一名称的争论还没有最终的结果。

笔者认为中文名称用量子超越性更适合。超越性这一概念更能够反映量子物理性质超越经典物理性质，是经典系统所不能够达到的。中文里的超越性更准确地反映了 John Presikll 所要表达的意思，由此，在本书中我们采用量子超越性这一名称。

二、量子超越性提出的背景

与理论上揭示量子计算局限性相伴的是工程上制造量子计算机极其困难。经过近 20 年的研究，现在一个系统的量子比特数最大为 72（Google 2018, D-wave 公司 2000 量子比特则是基于量子退火模型的）。图 9.1 示意量子比特技术的现状。

技术上的困难是由于量子系统非常脆弱，很容易受环境影响。为此理论上提出了纠错码增加冗余。利用多个物理量子比特来编码

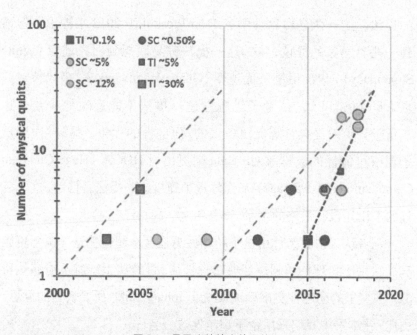

图 9.1　量子比特技术的现状

一个逻辑比特。以现有的噪声控制技术需要用约 5000—10000 个物理量子比特来编码一个逻辑量子比特。图 9.2 示意噪声错误率、量子比特数、实用水平和现状的关系图。

　　现在能够实现的量子比特数 72 和达到实用量子计算机所需要的量子比特数 10000 还有很大的距离。上图中第一段（1—100）示意的是经典计算所能够模拟的范围。当今最快的超级计算机速度为 $200P = 2 \times 10^{17}$（2020 年）。一年的计算量大约为 6×10^{24}。据此经典计算所能够模拟的最大量子比特数大约为 80（$2^{80} \approx 10^{24}$）。另外 n 个量子比特系统需至少要用 2^n 个复数来描述。对 60 个量子

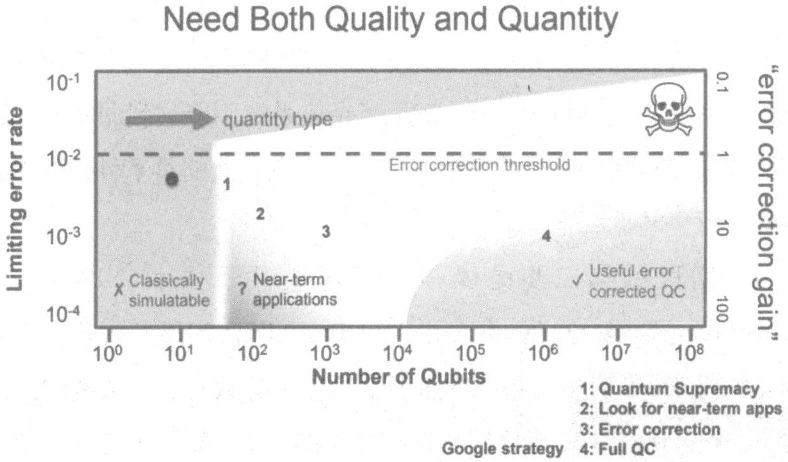

Need Both Quality and Quantity

图 9.2　量子体系的噪声错误率、量子比特数、实用水平和现状的关系图

比特数则需要的内存超过 1E=1000P=1000000T。考虑到内存的限制，则经典计算所能够模拟的量子系统的量子比特数不超过 60。图 9.2 中第三段（万位—亿位）示意的是真正实用量子计算机所需要的条件。其量子比特数需要数万到数亿。

中间段示意的是目前量子计算的前沿探索方向。中间段的第一步就是量子超越性（Quantum Supremacy）。鉴于目前的技术离制造实用量子计算机还有遥远的距离，理论物理学家 John Preskill 在 2012 年提出量子超越性这一概念。量子超越性是指设计实验并通过实验演示量子计算相对于经典计算的无可争议的优势。实验演示的量子计算的优势同时必须有理论分析的支持，这就是所谓的量子计算超越性。广义上，量子超越性还包含任何其他的量子物理超越经典物理的实验。例如，贝尔 (Bell) 实验所验证的量子系统能够达到的相关性超过经典物理的极限。还有在量子通信、量子传输以及量子加密等方面的量子实验，演示了经典系统不能达到的效果。这方面的许多实验已经开始了商业应用。相应方面的量子科技成为各国科技竞争的重点方向。

中间段的第二步是噪声中等规模量子技术 (NISQ-Noisy Intermediate Scale Quantum)，由 John Preskill 于 2018 年提出。在可预见的将来，人们相信系统的量子比特数可达数百。从实践的角度看，一个乐观且现实的预期是在有噪声的、数百量子比特的系统上做量子计算。这就是 NISQ 这一概念提出的背景。NISQ 装置虽然离完全适用的量子计算机还很遥远，但可以预期 NISQ 装置很快就会实现，并且可以解决一些经典计算不能解决的问题，例如规模 100 左右的量子多体问题。

三、量子超越性实验

量子超越性实验一般有以下步骤：

1. 选择一个定义明确的计算问题。

2. 设计选定问题的量子算法。

3. 对比最好的经典算法。在合理的复杂性理论假设下不会有更好的经典算法。

4.设计量子计算装置。设计的装置不需要具备通用计算机的能力。

5.演示和验证实验。

目前主要有三类实验。一是线性光学电路演示玻色子采样 (Boson Sampling)，即生成已知分布的随机字符串。一是 IQP 演示随机采样。IQP 即瞬时量子多项式计算 (Instantaneous quantum polynomial-time)。IQP 电路 $C=H^{\otimes n}DH^{\otimes n}$，其中 H 是 Hadamard 量子电路门，D 是从多项式对角电路门生成的对角矩阵。三是随机量子电路采样。前两类都不具备通用计算机的能力。三类的电路示意如下。

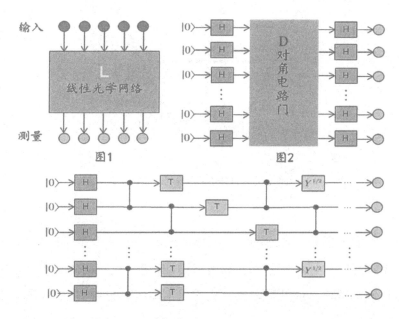

图9.3 量子超越性实验所处理的三类问题

（一）谷歌实验

谷歌实验（2019）是利用随机量子电路生成随机字符串（数百万长度为 53 的 0—1 字符串）。在经典计算机上模拟量子电路生成字符串的随机性则非常困难。随机生成的量子电路具有通用计算机的计算能力。

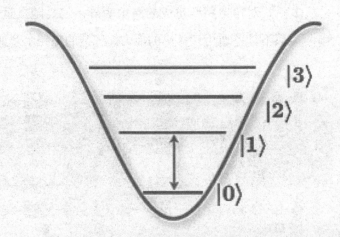

图 9.4　谷歌梧桐处理器中超导量子比特的能级示意图，
其中能级差最大的最低两个能级编码量子比特

谷歌梧桐处理器（Sycamore Processor）有 54 个量子比特，其中一个损坏了。处理器基于超导电路设计，量子比特门的实现是采用带电容和感应器的共振电路。为产生不同的能级差别，感应器采用约瑟夫结（Josephson Junction）。设计了不同的能级差别，这样能够提高电路的保真度（Fidelity），从而减少错误率。图 9.4 中 0 和 1 状态的能级差大，这样当系统处于初始态 0 时不易被噪声干扰。

谷歌梧桐处理器中，每个量子比特门只能够与相邻的量子比特门相互作用。实验中，量子比特被排在平面 6×9=54 格点上。如图 9.5 左图所示，其中◆为耦合器，作用在相邻的两个量子比特门上。第一行中间的非实心格点，是 54 个量子比特门中损坏的一个。按照这样的布局将多层电路连接起来，如图 9.5 右图所示。而每层中的电路是随机从预定的通用电路集中选取。

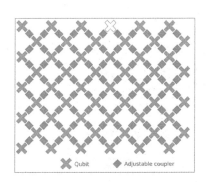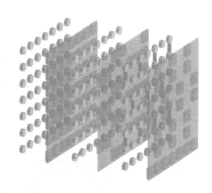

图 9.5 谷歌梧桐处理器中量子比特的排列与工作示意图

图 9.6 为处理器实物图。整个处理器封装在 20mk 的低温下，避免环境热噪声的干扰。

1. 实验过程。

（1）随机生成量子电路。

（2）利用 Julich 超级计算机（100000 处理器和 250T 的内存）完

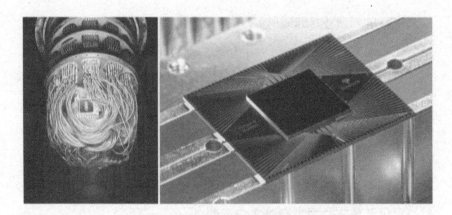

图 9.6　谷歌梧桐处理器中的整体装置（左）和芯片（右）实物图

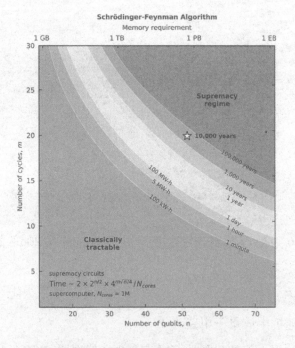

图 9.7　计算量、量子比特数和经典模拟的关系图

全模拟量子电路直到 43 量子比特规模。

（3）重复多次（百万次）运行生成的量子电路，每次运行测量结果得到一个字符串。这样总共得到百万个字符串集合。

（4）从完全模拟的结果和重复运行量子电路得到的字符串集合建立。

①量子电路输出字符串的分布规律。

②量子电路输出结果与经典模拟的差别规律，并以此作为检验量子电路输出结果的好坏。

③经典完全模拟计算所需要时间的规律。

④我们有如下计算量、量子比特数、经典模拟关系图。

⑤当量子比特数超过 43 时，根据步骤 4 中建立的规律利用外推法，估计经典计算模拟的成本和结果好坏。见后面示意图。

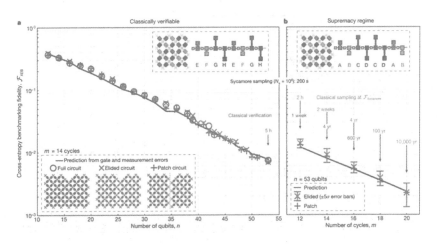

图 9.8　根据完全模拟量子计算建立的量子计算与经典计算的关系图

⑥当量子电路深度达到 40 时，已经远超出了经典模拟的能力范围。当电路深度为 40 量子比特数 53 时量子电路运行的时间是 200 秒。根据步骤 4 中建立的规律利用外推，得出经典模拟所需要的时间是 10000 年。

经典计算模拟 n 个量子比特 d 层的量子电路输出结果概率的计算成本为指数，如下图所示。

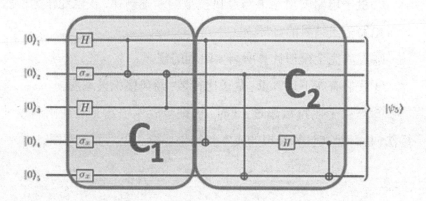

图 9.9 经典计算模拟 n 个量子比特 d 层的量子电路输出结果概率的计算成本为 $d^{O(n)}$ 时间复杂度和多项式的空间复杂度

2. 谷歌的实验意义。

谷歌实验是第一次在实际问题上演示了通用量子计算机对经典计算机的超越性。梧桐量子处理器是一个完全可编程的通用量子计算机。这是一个里程碑式的成就。在这以前，量子计算超越性只是理论上的分析。实验同时提高了量子电路门错误率控制和多电路门交叉干涉的技术。

3. 质疑的观点。

谷歌实验结果公布后，IBM 首先发表文章对谷歌的结论提出异议。文章中提出，将内存和磁盘做缓存交换，并估算出相应的经典算法所需要的运行时间是 2.5 天，而不是谷歌所宣称的 10000 年。但是 IBM 并没有做实验验证他们提出的经典算法。

另外，以色列数学家 Gil Kalai 则从具体的数据和方法上质疑谷歌所宣称的结论。主要质疑点是谷歌对实验中电路保真度的分析公式过于简单和完美：只有 10%—20% 的偏差。系统总共有几十个量子比特和 1000 多个量子门。并且缺乏独立的第三方对谷歌实验结果的统计分析。更进一步，基于对噪声的分析，Gil Kalai 甚至声称量子超越性不可能实现。而且，谷歌实验团队的前成员 Sergio Boixo and John Martinis 也加入了 Gil Kalai 的一方，质疑谷歌实验宣称量子超越性。

$$
\text{保真度} = |\text{所有单量子比特门保真度乘积}| \times |\text{所有双量子比特门保真度乘积}| \times |\text{所有量子比特保真度乘积}|
$$

$$
F = \prod_{g \in G_1}(1 - e_g) \prod_{g \in G_2}(1 - e_g) \prod_{q \in Q}(1 - e_q)
$$

（二）中国科学技术大学联合团队实验

2020 年 12 月，中国科学技术大学联合团队在九章量子装置上演示了 50 个光子的高斯玻色子采样。在 200 秒内观测到 3097810 个样本事件。采样速度是最快的经典超级计算机的 10^{14} 倍。也比谷歌梧桐量子处理器快 100 亿倍。相对谷歌的实验,此实验首次表明,通过光子也可以演示量子超越性。同时中科大实验输出结果的范围 (10^{30}) 远远超出谷歌实验输出结果的范围 (10^{16})。其结果的验证远远超出了经典计算的能力。值得注意的是,此次实验装置并不具备通用计算机的能力。严格意义上不能称为量子计算机。

利用玻色子采样 (Boson Sampling) 演示量子超越型性,这是 2013 年由计算机科学家 Scott Aaronson 和 Alex Arkhipov 提出。其基本思路是构造线性光子干涉装置 (不是通用计算机)。n 个光子通过装置改变状态,并在输出端检测这 n 个光子的状态。预测 n 个光子在输出端的分布状态在经典计算机上是很困难的。准确地说是 #P– 难的。#P 是一类难以计算的函数 $f(x)$,对于输入值 x,存在一个非确定的图灵机其接受输入值并且停机的计算路径数等于 $f(x)$。

在数学上我们可以用一个组合问题来描述玻色子采样这一问题。假设有 n 个相同的光子,通过 m 个入口进入变换装置。变换装置有 m 个出口。同一个入口可以有多个光子进入。同一个出口也可以有多个光子出来。已知 n 个光子进入装置的方式,即 m 个入口每一个分别有多少个光子进入,预测 m 个出口每一个各有给定的光子数出来的概率。真正实验中 m 个入口对应的是光子的不同模式。变换装置则是线性光子干涉装置,如图 9.10 所示,左边为输入,有 M 个入口。中间为线性光学网格,光子通过时会产生干涉。右边为 M 个单光子探测器。可以具备或者不具备区分光子数的能力。一般的实验设计原理可以由图 9.11 示意。前面两个步骤是光源的准备,

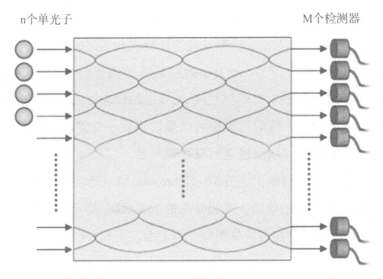

图 9.10 线性光子干涉装置示意图

第三个则是光学网络实现量子计算，最后一步则是测量。

为尽量避免同一个探测器中同时落入一个以上的光子增加检测的难度，实验中尽可能地取 $m = n^2$。经典计算这类问题所需要的时间是指数如下：

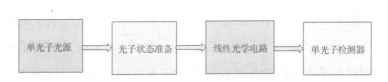

图 9.11 玻色子采样实验设计原理

$$O\left(n2^{n} + poly\left(m, n\right)\right) = O\left(n2^{n}\right)$$

此次实验中, 光子的个数 n 是 50, 模式 m 是 100, 中间的光学网络有 300 个分光仪 (beam splitter) 和 75 个镜子, 运行时间为 200秒。验证实验结果的方法类似谷歌实验中的验证方法。先对小规模参数做经典模拟。然后用模拟的结果对比量子计算的输出并建立二者之间的规律。利用建立的规律做外推。实验原先只是模拟到26—30 个光子的规模。经过 Scott Aaronson 询问后又利用经典计算模拟到 40 个光子的规模。这额外花费了 400000 美元的超级计算机时间。实验的示意图和实物图分别为下面左图和右图。

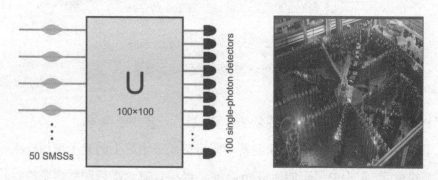

图 9.12 经典计算模拟 40 个光子的实验示意图 (左图) 和实物图 (右图)

1. 实验的意义。

中国科学技术大学联合团队的实验是第一次在光学装置是显示了量子光学计算能够实现量子超越性。此前, 光学装置实现了较小规模的玻色子取样。此次实验结果的样本空间远远超过谷歌实验结果的样本空间。经典模拟算法几乎难以实现, 对比 IBM 提出的经典算法挑战谷歌的结果,此实验在目前还没有受到类似的挑战。这在一个程度上增加了该实验结论的说服力。另外,此类光学实验的实现对环境的要求没有其他类(谷歌所采用的是超导)实现方式那么苛刻。所以这一实验结果显示了此类光学方式实现量子超越性或量子计算的优越性,也极大地刺激了这类研究。

2.质疑的观点。

相对媒体对此次实验大力的报道和渲染,学术界相对客观些。一方面大都肯定此实验的重要意义,但另一方面对所宣称的量子超越性持保留态度。目前,理论上对此类模型在噪音的条件下已经有一些结论。例如,光子的损失超过一定的程度 $[O\ (\sqrt{N})]$ 则经典计算机可以有效地模拟。而此次实验中光子的损失可达70%!实验团队对这方面也作了一些分析,并且正在作更进一步的分析。缺少严格的噪声模型以及有光子损失的情况下问题经典复杂度的分析,是这类实验结论遭到质疑的主要原因。

(三) 对量子超越性实验的看法

鉴于目前的技术水平离制造实用的量子计算机的要求甚远,人们提出量子超越性这一概念。这一概念的提出,极大地促进了量子计算的发展。在理论上需要寻找合适的问题,选择的问题要能区分量子计算和经典计算的能力,并有计算复杂性理论上的支持。在实验上,要符合现有技术水平并对现有技术水平的发展有极大的刺激作用。对量子尺度系统的设计和操作极具挑战性。这是加深认识量子微观世界的手段，同时极有可能是下一波科技革命的核心。

我们需要认识到，至今量子超越性实验取得的结果距离制造实用的量子计算机还很遥远。媒体的报道也有诸多过于渲染之处。但这些报道和宣传在政府、工业界、金融界等各界以及民间激起了极大的热情，并吸引了大量的投资。各国政府纷纷设立量子计算科研基金和研究计划。各科技公司巨头和投资银行巨头也建立量子计算研究部门，投入巨资做量子计算研究前沿追踪和一些前瞻性的研究。这极大地促进了量子科技的发展。

四、唾手可得还是水中月

大量媒体极具轰动性的报道让非专业人士认为，实用的量子计算机很快就要建成了。但是，从量子计算机模型的提出开始，就有观点怀疑大规模量子计算机是否能够实现。首先，计算复杂性理论上有许多的分析。目前计算复杂性理论学界认为，量子计算机并不能够比经典计算机强大很多（不具备指数倍加速）。主要的理论支持是，到目前为止还没有找到多项式时间 NP 完全问题的量子算法。并且，理论上有许多推论，显示量子计算不太可能指数倍地超越经典计算。更进一步，有专家认为，适用规模的量子计算机甚至在原则上也不可能制造出来。现在介绍这方面的两类主要观点：

首先是从一般抽象的物理理论来质疑。计算机理论学家 Leonid Levin 认为，n 个量子比特的量子计算机需要同时操作 2^n 个数。因为所有状态概率之和为 1 的约束条件，则必然有些系数很小（2^{-n}）。而实用的量子计算机规模至少是 100 个量子比特以上。这样所需要同时操作 $2^{100} \approx 10^{30}$ 个数。并且其操作精度要求达到是小数点后面 30 位（$2^{-100} \approx 10^{-30}$）。而迄今为止，人类建立的所有物理理论精确度最高的是量子电动力学。其精度是小数点后面 11 位左右。实际上，实用量子计算机要求的规模远远不止 100 个量子比特，而是成千上万个量子比特。另外，以 500 量子比特为例，$2^{500} \approx 10^{150}$ 这个数量远远超出了当今已知宇宙所有原子数的和 10^{82}。再则，根据由荷兰物理学家 Gerard't Hooft 和美国物理学家 Leonard Susskind 提出的全息原则（Holographic Principle）计算得出宇宙所有的信息量为 10^{122}。而 500 个量子比特的信息量远远超过了这一数量。最后，在量子计算理论模型中，所有量子门操作在数学上是酉变换（Unitary Matrix），都被设定为单位计算成本。但其在数学上是对指数长度的向量做操作。把对所有指数长度向量的操作，都假定成单位成本极有可能在物理上是不现实的。

另外，从噪声分析来质疑。数学家 Gil Kalai 则认为，量子计算中噪声不可能降低超过一定的阈值。他建立的噪声模型认为，量子计算中噪声是相关联的。由于关联性导致噪声不可能降低到量子纠错码和量子超越性需要的水平。由此 Gil Kalai 认为大规模的量子计算不可能实现。更进一步，Gil Kalai 认为任何量子计算超越性都不可能实现。目前实验所用的 NISQ 由于噪声的影响，本质是经典计算。Gil Kalai 的观点与谷歌和中国科学技术大学联合团队实验相抵触，引起了一些讨论。目前这一对立还没有最终的结论。结合笔者前面对利用采样实验演示量子超越性在理论上瑕疵的分析，可以看到量子计算的微妙之处，其终极奥妙还有待人们进一步揭示和探索。（注：图 9.1、9.2、9.5、9.6、9.7、9.8、9.9、9.12 分别来自谷歌和中科大所发表的学术文章。）

后　记

　　本书的读者对象是对量子物理和相关新兴科技的前沿发展有兴趣，并稍有数学和物理学基础的领导干部和普通读者。

　　本书宗旨是以尽可能通俗易懂的语言准确介绍量子科技的各个重要侧面，章节的编排由浅入深，包括对量子物理的历史和关键人物的介绍、当今量子科技的热门话题等。核心内容是讲述突破经典物理的量子性质及其应用：基于量子相干和纠缠特性的精密测量或传感，量子通信和量子计算。本书的最后两章较为深入地讨论了量子超越性实验的未定论部分，是读者选读的部分，其目的是在揭开量子物理神秘面纱的同时，也增加一些开放式探讨的内容，以期激发读者进一步了解量子物理和量子科技的兴趣。

　　各章节的执笔者为：蔡恒进（第一讲）、施磊（第二、三讲）、冯芒（第四、五、六、七讲以及前言）、姚雍（第八、九讲）。

　　尽管各位执笔者都是各自领域的专业人士，但撰写一本雅俗共赏的科普书籍也非易事。撰写过程中参考了其他专家学者的作品，例如《量子理论》（作者：曼吉特·库马尔，译者：鲍新周、伍义生、余谨),《上帝掷骰子吗》(作者:曹天元),刊载于《物理》的系列文章《量子十问》(作者:郭光灿),等等。特此致谢。书中的科学家照片和部分插图来自网络,其他图片为撰稿人自己绘制。本书作者衷心感谢叶朝辉院士对稿件细致的审定和中肯的意见。

责任编辑：洪　琼

版式设计：顾杰珍

图书在版编目（CIP）数据

量子科技公开课／蔡恒进等 著 . —北京：人民出版社，2021.7

ISBN 978－7－01－023477－9

I.①量…　II.①蔡…　III.①量子论－普及读物　IV.① 0413–49

中国版本图书馆 CIP 数据核字（2021）第 103300 号

量子科技公开课

LIANGZI KEJI GONGKAI KE

叶朝辉　审定　蔡恒进　施磊　冯芒　姚雍　著

人民出版社 出版发行

（100706　北京市东城区隆福寺街 99 号）

北京中科印刷有限公司印刷　新华书店经销

2021 年 7 月第 1 版　2021 年 7 月北京第 1 次印刷

开本：710 毫米 ×1000 毫米 1/16　印张：12

字数：200 千字

ISBN 978－7－01－023477－9　定价：49.80 元

邮购地址 100706　北京市东城区隆福寺街 99 号

人民东方图书销售中心　电话（010）65250042　65289539

版权所有·侵权必究

凡购买本社图书，如有印制质量问题，我社负责调换。

服务电话：(010) 65250042